勘探监督手册
物探分册

（第二版）

刘　铮　袁全社　张建峰　高顺莉　欧阳敏　盖永浩◎等编著

石油工業出版社

内 容 提 要

本手册介绍了中国海洋石油集团有限公司物探监督应该具备的岗位职责、素质要求，应遵守的管理规定，以及物探监督工作各项细则，物探采集、处理等工作技术规程。本手册对物探监督日常工作汇报流程提出了具体要求，对物探作业各种报表、报告进行了统一规范。

本手册可供从事石油物探监督工作的科技人员参考。

图书在版编目（CIP）数据

勘探监督手册 · 物探分册 / 刘铮等编著 . — 2 版 .
—北京：石油工业出版社，2024.3
ISBN 978-7-5183-6237-0

Ⅰ . ① 勘… Ⅱ . ① 刘 … Ⅲ . ① 油气勘探－地球物理勘探－技术监督－手册 Ⅳ . ① TE-62

中国国家版本馆 CIP 数据核字（2023）第 161889 号

出版发行：石油工业出版社
（北京安定门外安华里 2 区 1 号　100011）
网　址：www.petropub.com
编辑部：（010）64222261　　图书营销中心：（010）64523633
经　　销：全国新华书店
印　　刷：北京中石油彩色印刷有限责任公司

2024 年 3 月第 2 版　2024 年 3 月第 1 次印刷
787 × 1092 毫米　开本：1/16　印张：10
字数：250 千字

定价：80.00 元
（如出现印装质量问题，我社图书营销中心负责调换）

·《勘探监督手册（第二版）》·
编委会

·《勘探监督手册·物探分册（第二版）》·
编写组

组　　长：刘　铮　袁全社

副 组 长：张建峰　高顺莉　欧阳敏　盖永浩　吴　涛

成　　员：薛志刚　李　江　魏　赟　王大为　邓　聪
陈　洋　孟润润　姚　刚　龙　黎　杨文博
陈建红　朱友生　轩义华　刘　宾　孙永全
麻旭刚　王志亮　邓　盾　李　林　姜　雨
李　岩　陈传振　贾金煜　李博闻　苏华都
年永吉　邱能根

审稿专家组

（按姓氏笔画排序）

王守君　王智瑞　刘拥军　刘振江　李　列　李临涛
何大伟　张金淼　张振波　陈　刚　陈　华　周　滨
高　乐　黄志洁

序

《勘探监督手册》是中国海洋石油勘探作业管理和技术操作规范的法规性文件，是勘探监督现场作业的工作手册，体现了中国海油勘探作业管理水平和技术能力，集合了中国海洋石油集团有限公司多年自营勘探的先进技术和管理方法，汇聚了众多勘探技术专家的工作成果，是几代勘探人智慧的结晶。《勘探监督手册》自1997年试用本推出以来，历经2002年和2012年两次修订，对规范勘探作业管理、提升作业效率、提高作业质量发挥了非常重要的作用。

“十二五”至“十三五”期间，中国海油油气勘探取得了重大突破，勘探逐渐向超深水深层、超高温高压、“双古”和“非常规”等领域转变与拓展，油气藏类型更为复杂，也推动了勘探作业在项目管理、作业技术提升上有更大的创新和突破。中国海油勘探作业团队以“精细管理、创新增效、成本管控”为宗旨，通过技术创新、管理提升，持续构建更为完善的海洋特色勘探作业技术体系。在此背景下2021年启动《勘探监督手册》第三次修订。

本次修订完善了技术标准和管理规范，新增了勘探作业新技术、新工艺方面的操作规范，新增了勘探作业有关的石油地质、地球物理、钻井工程、储层改造等相关基础知识，在继承原有成果的基础上进行了结构优化调整和内容完善，使得手册更具科学性、系统性、规范性和先进性。

《勘探监督手册（第二版）》包括物探、测井、测试和地质四个分册，各分册自成体系，是勘探作业管理人员、勘探监督现场管理的工作手册，也为科研技术人员及非勘探作业人员了解勘探作业提供了参考。希望通过本手册的指导和实施可以更好地实现勘探研究目标，促进勘探技术的发展与完善，为中国海油加快创建世界一流示范企业作出更大的贡献。

前言

《勘探监督手册》是中国海洋石油集团有限公司（以下简称中国海油）勘探作业的专用工具书和工作指导手册，规范了中国海洋石油勘探作业者的油气勘探现场专业技术标准和管理要求。在总结提升几十年自营勘探实践经验的基础上，充分汲取国际、国内先进石油公司管理方式和技术规程，先后历经初次编写和两次修订。《勘探监督手册》最早于1997年初次编写成册并试用；随着公司改组上市和勘探技术的快速进步发展，为了适应新形势下勘探管理工作的需要，及时补充新装备、新工艺、新技术等方面的内容，于2002年组织进行了首次修订；面对海洋石油近海油气勘探形势变化及深水、海外等勘探业务的拓展，为了适应勘探新技术的不断发展和需要，于2012年对手册进行了再次修订。经过二十几年的贯彻执行，历次的《勘探监督手册》在提高海上勘探现场作业效率、保障勘探现场作业质量、规范现场作业管理及提升资料录取质量等方面起到了重要作用。

“十二五”至“十三五”期间，中国海油油气勘探形势发生新的重大变化，勘探方向逐渐向超深水深层、超高温高压、“双古”及“非常规”等领域转变与拓展，油气藏类型也趋于向岩性、隐蔽型及复合型等转变。同时，勘探作业技术也获得了长足发展，仪器设备集成化、智能化，采集评价技术精细化、定量化，技术体系与作业规程得到进一步完善。2012年出版的《勘探监督手册》已经不能完全适应当前的勘探作业需求，中国海油决定对《勘探监督手册》进行修订。

2021年2月，中国海油成立了《勘探监督手册（第二版）》编委会，《勘探监督手册（第二版）》按专业分为物探分册、地质分册、测井分册和测试分册。手册修订原则为：一是健全、完善海洋特色勘探作业技术体系，补充新设备、新技术等方面内容；二是剔除已经不适用的技术内容，完善技术标准和管理规范；三是进一步增强作为工具书和指导手册的作用。

2021年3月30日，本书编写组在天津召开了《勘探监督手册·物探分册（第二版）》（以下简称手册）修订的工作启动会，制订了手册的框架结构和修订计划，确定了手册编写组人员及分工等，明确了在继承2012年出版的《勘探监督手册》成果的基础上进行合理的结构优化调整和内容增补完善的修订要求，确定了手册修订的主要内容：（1）将手册整体架构分为四大部分，包括物探监督岗位职责及素质要求、物探监督工作细则、物探作业技术规程、海上物探作业有关规定；（2）以现场作业各阶段的物探监督工作程序为主线，系统梳理物探作业管理与技术规范要求，补充、完善物探监督工作细则内容；（3）修改、调整老版手册若干章节的结构及内容，增加了“HSE管理工作”，删除“物探处理监督工作细则”和“勘察处理监督工作细则”，将“地震资料处理技术规程”修改为“海上地震勘探现场数据质控”，修改物探作业相关规定内容；（4）新增HSE管理要求、OBN作业、SEAL428型仪器校验项目及标准、国产海亮仪器校验项目及标准等，以及增加近年发展的新设备、新工艺等相关技术内容；（5）根据现行勘探技术标准和规范完善附录。

在手册修订过程中，编写组克服了新冠肺炎疫情的严重影响，组织了多轮次的函审、视频审查及线下专家审查会，圆满完成了本次修订任务。

手册共分为4章，第1章由刘铮、袁全社、欧阳敏编写；第2章由张建峰、李江、姚刚、王大为、孙永全、杨文博、陈洋编写；第3章由高顺莉、吴涛、薛志刚、麻旭刚、孟润润、邓聪、姜雨、邓盾、刘宾、朱友生、年永吉编写；第4章由盖永浩、魏赟、王志亮、轩义华、李林、李岩、龙黎、陈建红、贾金煜、李博闻、苏华都编写；附录由陈洋、孟润润、陈传振、邱能根编写；全书由刘铮统稿。

在手册的编写修订过程中，中国海油勘探开发部和天津、上海、深圳、湛江、海南各分公司勘探（开发）部，以及中联煤层气有限责任公司勘探开发部、中海油能源发展股份有限公司工程技术分公司、中海油田服务股份有限公司物探事业部有关专家参加了编写、修订和审查，王守君、刘振江、张金淼、李列、张振波、陈华等专家为手册提出了大量宝贵意见，在此致以衷心的感谢和诚挚的敬意。

由于编著者水平有限，编写中定有不足之处，恳请广大读者不吝指正。

目录

1 物探监督岗位职责及素质要求

1.1 岗位职责

本手册所指的物探监督是中国海洋石油（中国）有限公司的各分公司勘探（开发）部指派到物探作业现场的全权代表。其职责是依据物探作业合同、技术规程及分公司勘探（开发）部的有关作业指令，对服务公司的现场物探作业进行有效的监督。

按照物探作业阶段的任务，设置采集监督和勘察监督。物探监督只对其派出单位 / 部门负责。

1.2 工作流程

物探监督应遵照相关合同及作业流程，对服务公司的物探数据采集、处理作业全过程进行严格的监控，物探监督、物探专业工程师工作流程框图如本手册附图 A.1、附图 A.2 所示。

1.3 素质要求

1.3.1 基本条件

1.3.1.1 采集监督

1.3.1.1.1 学历与资历

（1）具有大专及大专以上学历或中级及中级以上技术职称。

（2）符合勘探专业监督资格的现场工作年限要求。

（3）取得物探监督岗位培训合格证。

（4）取得海船船员培训合格证书、海上石油作业安全救生培训证书（视甲方要求）、健康证及国家相关部门要求的其他证件。

1.3.1.1.2 专业知识

（1）掌握系统的石油地质和地球物理勘探基础理论知识。

（2）具有较丰富的海上物探实践工作经验及物探资料采集经历。

（3）了解测量学基本知识，掌握海上定位的原理和有关技术要求。

（4）熟练地掌握和应用海洋石油物探资料采集技术规程。

（5）掌握物探采集设备的性能及技术指标。

（6）了解物探采集设备和新技术的发展动态。

1.3.1.2　勘察监督

1.3.1.2.1　学历与资历

（1）具有大专及大专以上学历或中级及中级以上技术职称。

（2）符合勘探专业监督资格的现场工作年限要求。

（3）取得物探监督岗位培训合格证。

（4）取得海船船员培训合格证书、海上石油作业安全救生培训证书（视甲方要求）、健康证及国家相关部门要求的其他证件。

1.3.1.2.2　专业知识

（1）掌握系统的石油地质和地球物理勘探基础理论知识。

（2）具有较丰富的海上工程勘察实践工作经验及资料采集经历，了解常规海洋工程物探调查现场作业程序。

（3）了解测量学的基本知识，掌握海上定位的原理和有关技术要求。

（4）熟练地掌握和使用海洋石油工程勘察资料采集技术规程。

（5）掌握工程勘察采集设备的性能及技术指标。

（6）了解工程勘察采集设备和新技术的发展动态。

（7）掌握系统的岩土工程基础理论知识。

（8）具有较为丰富的海上工程地质勘察作业经验。

（9）了解工程地质勘察设备和最新技术。

1.3.2　技能要求

1.3.2.1　采集监督

（1）熟悉相关合同基本内容、技术和质量要求，在作业中能严格、准确地执行合同。

（2）掌握本手册内容，并能熟练地运用手册规定的技术要求对作业实施全面有效的监督。

（3）具备独立承担采集质量监督工作的能力。

（4）具备独立分析和评价各种野外原始记录的能力，并根据作业中存在的问题提出改进意见。

（5）具备检查地震仪器的日检记录、月检记录的能力，并能及时发现采集设备存在的问题。

（6）了解现场物探资料处理设备的基本性能及常规处理流程，具备分析和评价现场地震资料处理成果的能力，并根据处理成果中存在的问题提出改进意见。

（7）在作业期间，能根据海上施工条件的变化提出合理化建议，或能给出改进施工质量和进度的有效方法。

（8）能协助和指导作业船队组织野外施工，并能协调好分公司勘探部与服务公司及第三方之间的关系。

（9）熟悉海上作业安全知识和要求，监督作业船队安全生产管理和执行情况。

（10）能独立编写海上物探监督报告。

（11）具有良好的英语阅读和沟通能力。

（12）熟练使用计算机辅助日常工作。

1.3.2.2 勘察监督

（1）熟悉相关合同基本内容和要求，在作业中能严格、准确地执行合同。

（2）掌握本手册内容，并能熟练地运用手册规定的技术要求对作业实施全面有效的监督。

（3）具备独立承担采集质量监督工作的能力。

（4）具备独立分析和评价各种野外原始记录的能力，并根据作业中存在的问题提出改进意见。

（5）具备检查工程物探调查设备和钻井设备的日检记录、月检记录的能力，并能及时发现采集设备存在的问题。

（6）了解现场工程物探勘察资料处理设备的基本性能及常规处理流程，具备分析和评价现场工程物探资料处理成果的能力，并能根据处理成果中存在的问题提出改进意见。

（7）了解现场工程地质调查设备（钻机、海底原位测试、钻孔原位测试及现场土工实验设备等）的基本性能及常规作业流程，具备分析取样和CPT测试结果的能力，并能根据存在的问题提出改进意见。

（8）在作业期间，能根据海上施工条件的变化提出合理化建议，或能给出改进施工质量和进度的有效方法。

（9）能协助和指导作业船队组织野外施工，并能协调好分公司勘探部与服务公司及第三方之间的关系。

（10）熟悉海上作业安全知识和要求，监督作业船队安全生产管理和执行情况。

（11）能独立编写海上勘察监督报告。

（12）具有良好的英语阅读和沟通能力。

（13）熟练使用计算机辅助日常工作。

1.4 HSE管理工作

物探监督应对服务公司（含第三方分包商，下同）现场作业HSE工作进行监督管理，负责对物探服务公司的作业前和作业过程的监督检查，包括：

（1）监督服务公司贯彻落实国家法律法规及公司HSE体系。

（2）监督服务公司践行安全标志行为和开展行为安全观察。

（3）监督服务公司及时、如实报告 HSE 事故事件。

（4）监督服务公司落实隐患排查治理，及时消除事故隐患。

（5）检查确认出海作业人员持有有效的船员证书、特种设备操作人员和特种作业人员持有有效的证件。

（6）督促服务公司严格落实物探作业风险控制措施。

（7）向派出单位 / 部门汇报作业现场 HSE 管理情况。

1.5 保密工作

物探监督应熟悉公司的保密规定，严格执行保密工作制度，并监督各服务公司严格地执行保密协议。

物探监督不得私自保留、借出、使用与项目有关的任何资料。

2 物探监督工作细则

2.1 采集监督工作细则

2.1.1 采集作业前期准备工作

2.1.1.1 地震测线部署与施工设计书的编制

2.1.1.1.1 相关资料准备

（1）参与收集地震采集施工设计所需要的相关资料，包括工区现有勘探情况，地震、地质相关资料，以及工区海况、渔业、航运、工程建设、物探采集设备、船舶及人员资料等。

（2）了解新工区作业内容、地质任务及参考作业参数。

2.1.1.1.2 施工设计书的编制

（1）参与施工设计书的编制工作。

（2）施工设计的具体步骤和要求按照本手册 3.3.1 节、3.3.2 节之规定执行。

2.1.1.1.3 阵列组合

（1）模拟论证。

参与选择震源类型及组合方案，对所选用的阵列组合进行模拟论证，具体要求应符合本手册 3.3.1.4.3（2）之规定。

（2）关枪标准。

空气枪阵列组合的关枪标准必须建立在保持震源子波特征的基础上。采集监督应按模拟的关枪数据列表及本手册 3.1.1.1.2（5）之规定参与制订作业关枪标准。

2.1.1.1.4 定位数据前绘

参与作业工区的定位数据前绘及前绘结果的核查工作。

（1）资料准备。

① 向服务公司提供前绘所需要的基础资料和相关资料。

② 资料内容及要求按照本手册 4.9.1 节之规定执行。

（2）前绘结果。

① 前绘测线位置图的要求按照本手册 4.9.4（1）之规定执行。

② 前绘数据要求按照本手册 4.9.4（2）之规定执行。

③ 前绘图及数据应存盘保留。

（3）前绘结果核查。

采集监督应独立核查前绘结果，并互相验证，确认前绘结果准确无误。

（4）前绘成果一式三份。

2.1.1.1.5 设计书及前绘成果的发放

（1）施工设计书、测线前绘数据及前绘图，经分公司勘探部审查批准后，在作业开始前 15 天发放一份给服务公司。

（2）施工设计书内容如有改动，需经分公司勘探（开发）部批准后，以书面或邮件形式通知有关服务公司。

2.1.1.2 掌握相关合同内容

掌握采集、定位、现场处理、护航合同和其他有关合同及合同附件的内容。

2.1.1.3 熟知物探采集作业质量控制标准

熟知本手册第 3 章、第 4 章中有关物探资料采集的技术规程内容和采集合同的质量控制标准，了解行业标准的相关内容；相关行业及企业标准参见本手册 4.13 节。

2.1.1.4 了解相关的安全应急计划

监督在作业开始之前，应了解、熟悉服务公司相关的海上作业安全应急计划及防台风内容，应了解、熟悉服务公司针对本项目编制的应急处置方案和应急管理流程。

2.1.1.5 作业文件核查

在每个新作业开始之前，采集监督应参与对服务公司的作业船舶及相关作业文件的核查。下列证书和文件属于必检内容。

（1）船舶备案通知书。

（2）水上水下作业许可证。

（3）航行通告、航行警告。

（4）服务公司应急预案、作业船队现场应急处理预案。

（5）服务公司作业计划书。

2.1.1.6 人员资格审查

检查作业人员必须持有的各类证件，发现证件不齐全者或认为证件不合格人员，应及时向服务公司提出更换。应严格按照服务公司提供的作业人员名单进行下列项目检查。

（1）船长、高级船员等和所担任的职务相符的有效适任证书。

（2）海事部门发放的海船船员培训合格证书。

（3）有效期内的海船船员健康证明。

（4）海上石油作业安全救生培训证书。

（5）电工、工作艇驾驶、吊装等特种作业人员的资格证书。

（6）物探船经理、地球物理工程师（适用于海底地震）、仪器工程师（高级、中级）、导航工程师（高级、中级）等人员的岗位适任证书。

2.1.1.7 物探专业设备检查

（1）记录系统、磁带机、磁带拷贝机、测深仪、多道监视仪等监控设备必须满足作业要求。

（2）电缆、节点（OBN）配置和工作状态正常，电缆工作段、弹性段、前导段应有充足的备用量。

（3）罗经鸟 / 定深器、声学鸟及横向鸟的检测符合作业要求。

（4）震源组合方式符合要求，空气枪、炮缆、炮缆绞车、空气压缩机、枪控制器完好，空气枪及各类设备应备有足够的备件。

（5）第一导航系统、第二导航系统、声学系统及其他辅助设备联机正常，并有充足的备件。

（6）物探资料 QC 处理系统、导航资料 QC 处理系统、辅助设备及其配套软件完善，并符合作业要求。

（7）电罗经、测深仪、DGNSS、RGNSS、声学应答器（适用于海底地震）、海水声速仪、近场检波器等设备工作状态正常，并且备用量符合作业要求。校准 / 核查步骤及要求按照本手册 4.2 节规定执行。

（8）物探设备系统联机正常。

2.1.1.8 记录设备

（1）IBM 标准卡式带和移动存储设备。

（2）检查记录磁带生产厂家的生产许可证和产品质量证书。

（3）生产时，应使用距离质保期到期前两年且未使用过的合格磁带。

2.1.1.9 物探设备测试和校准工作

每个新作业开始之前，要求服务公司对所使用的物探设备进行测试和校准，并及时提交合格的测试和校准报告。未进行测试和校准或设备测试 / 校准报告不合格的，不得进入工区作业。

2.1.1.9.1 远场子波测试

任何空气枪阵列组合的信号特征必须提供测试或模拟结果，如需要进行远场子波测试，其要求及步骤可按照本手册 4.4 节之规定执行。

2.1.1.9.2 GNSS 罗经校准

（1）GNSS 罗经安装完成后，应参照电罗经校准方法对其进行校准。

（2）使用 GNSS 罗经过程中，如发现天线支架发生变形，应对 GNSS 罗经进行校准。

（3）GNSS 罗经应按照生产厂商的要求对其部件进行校正。

2.1.1.9.3 电罗经校准

如果没有 GNSS 罗经，应根据作业要求对物探用电罗经进行校准，校准要求、步骤及精度按照本手册 4.2.1 节之规定执行。

（1）当使用 GNSS 罗经，并且 GNSS 罗经精度优于 0.1° RMS 时，可不对电罗经进行校准，但应经过累计至少 2h 的有效数据对比以获得电罗经的校准值。

（2）不使用 GNSS 罗经或 GNSS 罗经精度低于 0.1° RMS 时，应按照要求对电罗经进行校准。

（3）电罗经断电时间短于手册规定的方向稳定期，可不对电罗经进行校准，方向稳定期指电罗经断电后，陀螺仍维持高速旋转正确测量方向的时间，如 Sperry SR−180 MKX 型电罗经为 3min。

2.1.1.9.4 DGNSS 静态核查

每个新作业开始之前，根据作业要求应对 DGNSS 定位系统进行静态核查。校准要求、步骤及精度按照本手册 4.2.2 节之规定执行。

2.1.1.9.5 记录信号极性

（1）符合 SEG 标准，压缩波产生负电压，记录在磁带上的数据为负值，检流计在剖面上显示为一负跳（波谷）。

（2）极性检测应在施工前及每次更换和调整电缆段 / 仪器及配置后进行。

（3）检查方法可采用“敲击法”或“自动增益放炮法”，检测记录应记带备查。

2.1.1.10 工区踏勘

项目作业前需对工区进行实地踏勘，应对工区的水深、流动网具、定置网具、沉船、水面障碍物、水下井口及管道等进行实测，并形成踏勘报告。

工区踏勘前需了解作业工区的海况、渔业、天气、航运及工区障碍物等与作业有关的资料。工区踏勘前应收集的有关资料包括：

（1）作业工区的潮汐情况，了解和掌握工区潮汐规律、流向、流速及水深情况。

（2）了解工区的渔业活动时段及范围，掌握工区周边及工区内的流动网具和定置网具的分布情况。

（3）收集和了解工区天气情况，特别是在北方冬季作业和南方的台风季节作业。

（4）了解工区航运情况，特别是作业工区位于航道附近。

（5）如工区内有沉船、钻井船、光缆、管线、采油平台、水下保留井口等影响作业的障碍物时，必须向作业船队提供准确的坐标位置及相关资料。

2.1.2 采集作业实施中的工作

2.1.2.1 电缆平衡

（1）电缆平衡必须在作业工区进行。

（2）排除电缆故障或更换不工作道、不正常道和漏电道，使电缆满足作业标准。

（3）在电缆平衡测试中，定深器翼角变化必须符合作业要求。

2.1.2.2 参数求取

在正式测线作业开始之前，需求取水的声波速度、工区磁偏角参数。

2.1.2.3 地震仪器日检、月检

（1）在地震采集作业期间，应按规定对地震采集仪器进行日检测和月检测，检验方法、项目、精度标准应符合出厂标准或符合本手册 4.3 节之规定。

（2）仪器月检有效期为 30 个自然日，特殊情况需经监督同意，可顺延五个自然日。

（3）日检有效期为一个自然日，一条测线未结束时，可以在该测线结束后再做日检。

2.1.2.4 复核工作

在专业设备测试和校准、船舶和设备检查、作业相关文件检查、电缆平衡等作业前准备工作完成后，正式采集开始前，应对下列参数再次核查，包括但不限于下列内容。

（1）工区定义检查。

（2）复核测线的前绘成果，确保前绘数据齐全和准确无误。

（3）记录系统：记录格式、记录长度、采样率、高截滤波参数、低截滤波参数、前放增益等。

（4）接收系统：电缆总长度、道间距、偏移距、炮间距、沉放深度等。

（5）综合导航系统：坐标系统、投影系统（应注意渤海地区中央经线的特殊性）、主导航天线到震源中心点距离等。

（6）多源多缆相关设备：声学系统、缆 / 源扩展距离、尾标定位系统等。

（7）面元覆盖：面元大小、各段最小覆盖率等。

（8）震源系统：阵列容积、组合方式、枪间距、子阵间距及沉放深度等。

（9）辅助定位设备：电罗经、电缆罗经鸟、深度传感器、DGNSS、RGNSS、测深仪、声速仪等辅助设备的校准结果。

（10）地震仪器月检测记录。

（11）专业设备时序检查。

（12）海底地震采集作业，对观测系统、专业设备作相应检查。

2.1.2.5 物探资料质量控制

监督在正式采集作业期间，应对采集的物探资料进行质量检查，如发现质量问题，应立即向派出单位 / 部门汇报，并督促服务公司完成问题原因分析、问题整改和复测验证工作。

2.1.2.5.1 质量控制标准

质量控制标准除按照本手册 3.1 节至 3.3 节之相关规定及采集合同的技术规程附件执行外，还可参照 4.13 节的标准。

2.1.2.5.2 质量控制方法

用现有的质量控制监视设备和过程资料监控、检查物探资料质量。在作业期间，可采用下述方法及步骤：

（1）选择不同增益档查看单炮记录，及时了解电缆工作状态，掌握工区各类干扰波的变化规律。

（2）在测线作业期间发现质量问题又不能及时、准确地作出决断时，应在测线作业结束后，根据地震现场 QC 处理结果确定资料是否有效。QC 处理流程由现场监督视具体情况而定。

（3）抽查地震记录头段内容，发现有错误参数时，应立即采取有效措施及时补救。对不能补救的物探资料，应立即报废重做。

（4）实时监控震源的工作状态。

（5）利用第三方质量监控系统对采集的物探资料进行实时监控，并与服务公司的实时监控显示进行对比。

（6）利用地震现场 QC 处理系统检查所采集的物探资料。

（7）三维地震采集作业中，地震现场 QC 处理系统除完成按作业需求的分片区质量监控外，最终结果需形成完整的工区三维近道数据体。

（8）海底地震采集作业，根据实时检测或者回收下载数据，需及时开展设备工作状态和数据质量分析。

2.1.2.6 定位资料质量控制

监督在正式采集作业期间，应对每天采集的定位资料进行质量检查，如发现质量问题，应派出单位 / 部门汇报，并督促服务公司完成问题原因分析、问题整改和问题复测验证工作。

2.1.2.6.1 质量控制标准

定位资料采集作业中的质量控制标准，除按照本手册 3.1.5 节、3.1.6 节之相关规定及采集合同的技术规程附件执行外，可参照的行业标准有 SY/T 10019—2016《海上卫星差分定位测量技术规程》。

2.1.2.6.2 质量控制方法

用现有的质量控制监视设备和中间过程资料监控、检查综合导航资料的质量。在作业期间，检查内容包括以下内容。

（1）检查每条航行线的导航记录头段内容，发现有错误参数时，应立即采取有效措施补救，对不能补救的综合导航资料，应立即报废重做。

（2）检查实时导航输出的各种质量监控项目，特别是电缆羽角、电缆 / 震源扩展距离、罗经鸟及尾标 RGNSS 数据等。

（3）每条测线采集结束后，应对采集的综合导航资料进行 QC 处理，以便检查定位网络各节点数据量及综合定位精度。

（4）发现质量问题且不能及时、准确地作出判断时，可以在测线作业结束后视综合导航 QC 处理结果确定资料是否有效。

（5）利用第三方质量监控系统对采集的综合导航资料进行实时监控，并与服务公司进行对比。

（6）实时监控面元覆盖，发现问题及时向导航员提出并修正，以确保电缆各段满足合同规定。

（7）三维补线阶段，监督应与导航人员密切配合，选择适当的潮水补做未满足覆盖要求的面元段，并以最低的补线率完成补线作业。

（8）海底地震作业期间，应着重利用二次定位成果与前绘数据进行综合比较，以确定电缆实际位置的误差是否符合质量标准。

（9）利用单道剖面检查海底电缆作业接缆点的偏差。

（10）非常规观测系统作业时，应随时监控和检查综合导航成果及面元覆盖情况。

2.1.2.7 公司指令

在采集作业期间，公司的作业指令须以书面或邮件形式通知服务公司，同步知会现场监督，并备案存档。

2.1.2.8 监督值班及交、接班

监督在作业期间应认真填写当班工作日志，简明记录当班工作内容，严格执行交接班签字制度。倒班时应有文字交接记录，并向倒班监督介绍工作情况、设备状况、存在问题及下步工作安排。正常倒班回到陆地后，应及时向派出部门汇报一个班次的工作情况及存在问题。

2.1.2.9 作业人员资格再审查

监督应了解和掌握服务公司的倒班人员情况，对其资格进行审核，发现条件不符者，应立即向派出单位 / 部门汇报，并要求服务公司更换不合格人员，直到符合条件为止。

2.1.2.10 统计、审核及报告

监督在作业期间，必须按照合同有关规定，严格核定服务公司每日的各类统计表格。

2.1.2.10.1 统计

监督统计工作包括：作业测线统计、付费和不付费工作量、付费和不付费待机时间（分类设备故障时间）、作业船和护航船作业时效、定位公司作业时效等内容。

2.1.2.10.2 审核

（1）每天必须审核并签字的报表包括作业日报和定位作业日报。

（2）每天必须审核的报表包括地震仪器班报、综合导航班报。

（3）每月必须审核并签字的报表包括工作量统计、月时效分析、月质量统计、定位月时效统计。

2.1.2.10.3 报告

工作报告采用日汇报制度，当班监督应将已核实签字的工作量、时效统计、野外存在的问题、特殊海况及船况向分公司勘探（开发）部汇报，以便主管部门及时了解工作进度和野外作业情况。

采集监督汇报工作程序框图如本手册附图 A.2 所示。

2.1.3 采集作业结束后的工作

2.1.3.1 定位系统与物探用罗经校准

超过 90 天的采集作业，在作业结束之后，应对定位系统与物探用电罗经进行闭合校准，校准结果应附在监督报告和服务公司完成的采集报告内。

2.1.3.2 地震、综合导航原始资料整理

在一个工区作业结束后，采集监督应按照本手册 4.5.1 节、4.5.2 节的规定，检查服务公司提交的各类原始资料是否符合验收及存档的要求。

资料整理与交接：工区采集作业结束后，采集监督应按服务公司提供的资料清单所列内容逐项整理、检查、验收，并对整个工区资料进行汇总整理，在合同规定的地点进行交接，并提交资料交接清单。

2.1.3.3 采集监督报告

采集监督应在作业结束后 30 天内完成采集作业监督报告，并提交派出单位 / 部门审核，报告内容及要求参照本手册 4.6.3.1 节之规定执行。

2.1.4 现场物探资料保存运输管理要求

现场物探资料保存运输管理要求按照本手册 4.8 节相关规定执行。

2.2 勘察监督工作细则

2.2.1 采集作业前期准备工作

2.2.1.1 参与勘察作业部署及施工方案制订

2.2.1.1.1 前期资料收集

在调查方案制订之前，应参与收集海上平台场址和管道路由调查区附近已有的自然环境资料，包括水深、海底地形、地貌、地质、沉积物分布、水文、气象、地震等，重点是收集有工程意义的灾害性地质特征的资料。

2.2.1.1.2 野外施工方案制订

施工方案内容包含工程物探调查施工方案、工程地质调查施工方案。

（1）工程物探调查施工方案设计内容。

① 作业区域、工程项目名称及任务。

② 工程物探调查项目及使用的调查设备型号。

③ 各种设备所采用的量程范围及其他主要参数指标。

④ 施工方法的具体要求和指导，施工前给出设计测线布置图。

⑤ 制订具体的现场施工计划和时间安排表。

⑥ 施工作业中可能遇到的困难及相应的应对措施。

⑦ 特殊要求等。

（2）工程地质调查施工方案设计内容。

① 作业海区、孔位编号、孔位布设、任务。

② 抛锚就位方案（包括船艏向、锚缆长度及偏移距离）。

③ 取样间隔和水深测量间隔。

④ 施工方法的具体要求和指导。

⑤ 制订具体的现场施工计划和时间安排表。

⑥ 施工作业中可能遇到的困难及相应的应对措施。

⑦ 特殊要求等。

2.2.1.1.3 定位数据前绘

按本手册 2.1.1.1.4 节之规定执行。

2.2.1.1.4 施工方案及前绘成果的发放

按本手册 2.1.1.1.5 节之规定执行。

2.2.1.2 掌握相关合同内容

按本手册 2.1.1.2 节之规定执行。

2.2.1.3 熟知工程勘察采集作业质量控制标准

熟知本手册第 3 章、第 4 章有关勘察资料采集的技术规程内容和采集合同的质量控制标准，了解行业标准（见 4.13 节）的相关内容。

2.2.1.4 了解相关的安全应急计划

按本手册 2.1.1.4 节之规定执行。

2.2.1.5 作业文件核查

每个作业开始前，监督应对服务公司作业船舶及相关作业文件进行核查，包括但不限于：作业计划书、服务公司应急反应预案、作业船队现场应急处理方案。

2.2.1.6 人员资格审查

检查作业人员必须持有的各类证件，发现证件不齐全者或认为不合格人员，应及时向服务公司提出更换。应严格按照服务公司提供的作业人员名单进行下列项目检查：

（1）船长、高级船员等和所担任职务相符的有效适任证书。

（2）海事部门发放的海船船员培训合格证书。

（3）海上石油作业安全救生培训证书（视甲方要求）。

（4）电工、吊装等特种作业人员的资格证书。

（5）勘察船经理、现场项目经理、仪器工程师 / 仪器主操、工程地质工程师、司钻 / 副司钻、导航工程师 / 导航主操的岗位适任证书。

（6）有效期内的海船船员健康证明。

2.2.1.7 勘察专业设备检查

2.2.1.7.1 工程物探调查设备

（1）单波束及多波束测深系统、旁侧扫描声呐系统、浅地层剖面系统及中地层剖面系统等工程物探采集设备必须满足本手册 3.2.2.1 节至 3.2.2.3 节之相关规定。

（2）多道数字地震系统及其辅助设备必须满足本手册 3.2.2.4.1 节之相关规定。

（3）DGNSS 导航定位系统及电罗经测试正常，并满足本手册 3.1.5 节、3.1.6 节的相关规定。

（4）管线仪及磁力仪系统应根据合同要求核实是否需要配备并测试，如需配备磁力仪需满足本手册 3.2.2.5.1 节之相关规定。

（5）深水勘察或特定的工程调查项目中要求使用的 USBL 水下声学定位系统必须满足作业要求。

（6）深水工程物探调查设备 AUV、深拖或 ROV 系统必须满足作业要求。

2.2.1.7.2 工程地质调查设备

（1）钻机设备能正常运行，各类部件要有足够的备件。

（2）CPT 测试系统能正常运行，各类部件应有足够的备件。

（3）土工试验设备手动十字板、电动十字板、袖珍贯入仪、三轴仪等要满足现场试验要求。

（4）备用 CPT 钻头测试正常运行，取样器梳理需满足作业要求且有足够备用。

2.2.1.7.3 勘察设备测试和校准工作

每个作业开始之前，要求服务公司对所使用的勘察设备进行测试和校准，并及时提交合格的测试和校准数据，未进行测试校准或测试校准不合格的，不得进入工区作业。

（1）DGNSS 核查、电罗经校准参照本手册 2.1.1.9 节之规定执行。

（2）对多波束测深系统安装偏差（偏航、横摇及纵摇）和时间延迟进行校准，服务公司在正式作业之前提供相应的校准报告。

（3）深水区使用 USBL 水下声学定位系统设备时，在作业前需对 USBL 水下声学定位系统安装偏差（偏航、横摇及纵摇）进行校准，服务公司在正式作业之前提供相应的校准报告。

（4）CPT 测试系统年检月检、探头标定参照本手册 3.2.5 节之规定执行。

2.2.2 采集作业实施中的工作

在资料采集过程中，勘察监督应监督勘察资料的采集过程和相关调查设备的调试情况。

2.2.2.1 测深系统设备调试

（1）声速剖面测量及传感器吃水校正。

（2）使用多波束测深系统时，应对多波束测深仪进行系统校正。

2.2.2.2 旁侧扫描声呐系统调试

（1）选择合适的扫描量程，保证地貌资料全覆盖。

（2）控制合适的旁侧扫描声呐拖鱼高度，保证资料清晰。

2.2.2.3 地层剖面调查设备调试

（1）最佳的地层穿透深度。

（2）较高的分辨率。

（3）将噪声和各种干扰波降低到最低。

2.2.2.4 潜器（AUV、深拖或 ROV）系统调试

（1）对用于潜器定位的 USBL 水下声学定位系统进行校准，潜器的水下定位精度应符合作业要求。

（2）在作业前对潜器搭载的多波束系统进行校准。

2.2.2.5 电缆平衡及震源能量控制

（1）电缆平衡应在作业工区进行。

（2）排除电缆故障或更换不工作道、不正常道和漏电道，使电缆满足作业要求。

（3）在电缆平衡拖曳试验中，定深器翼角变化应符合作业要求。

（4）电缆沉放深度和震源容量应符合作业要求。

2.2.2.6 复核工作

在专业设备测试和校准、船舶和设备检查、作业相关文件检查等作业前准备工作完成后，正式采集开始前，应对下列参数再次核查，包括但不限于下列内容。

（1）复核测线的前绘成果，确保前绘数据完整和准确无误。

（2）声速剖面测量结果。

（3）DGNSS、电罗经、多波束测深系统、USBL 水下声学定位系统校准结果。

（4）各专业调查设备的作业参数：工作频率、波束开角、扫描宽度、增益、时变增益等。

（5）多道数字地震记录系统：记录格式、记录长度、采样率、高截滤波参数、低截滤波参数、前放增益等。

（6）多道数字地震接收系统：电缆总长度、道间距、偏移距、炮间距、沉放深度等。

2.2.2.7 资料质量控制

监督在正式采集作业期间，应对采集的勘察资料进行质量检查，如发现质量问题，应立即向派出单位 / 部门汇报，并要求服务公司进行问题原因分析、问题整改和问题复测验证工作。

用现有的质量控制监视设备和过程资料监控、检查勘察资料质量。在作业期间，可采用下述方法及步骤：

（1）实时监控勘察资料的采集情况和质量情况：包括资料的完整性、分辨率、信噪比等。

（2）对部分特征明显的多波束测深资料及地貌资料进行综合分析对比。

（3）现场处理部分定位数据，将实际的调查测线航迹与设计的调查测线进行核对。

（4）在测线作业期间发现质量问题又不能及时、准确地作出决断时，应在测线作业结束后，根据现场资料处理结果确定资料是否有效。处理流程由现场监督视具体情况而定。

（5）多道数字地震采集作业中选择不同增益档查看单炮记录，及时了解电缆工作状态，掌握工区各类干扰波的变化规律；抽查地震记录头段内容，发现有错误参数时，应立即采取有效措施及时补救。对不能补救的地震资料，应立即报废重做。

（6）实时监控震源的工作状态。

2.2.2.8 公司指令

在采集作业期间，通常情况下，公司的作业指令应以书面或邮件形式通知服务公司，同步知会勘察监督，并备案存档。

2.2.2.9 监督值班及交、接班

参照本手册 2.1.2.8 节之规定执行。

2.2.2.10 作业人员资格再审查

参照本手册 2.1.2.9 节之规定执行。

2.2.2.11 统计、审核及报告

监督在作业期间，必须按照合同有关规定，严格核定服务公司每日的各类统计表格。

2.2.2.11.1 统计

监督统计工作包括：作业测线统计、付费和不付费工作量、付费和不付费待机时间（分类设备故障时间）、作业和护航船作业时效等内容。

2.2.2.11.2 审核

审核的报表包括作业日报和定位作业日报。

2.2.2.11.3 报告

参照本手册 2.1.2.10.3 节之规定执行。

2.2.3 勘察作业结束后的工作

2.2.3.1 采集原始资料整理

在一个工区作业结束后，勘察监督应按照本手册 4.5 节之规定，检查服务公司提交的各类原始资料是否符合验收及存档的要求。

2.2.3.2 资料整理与交接

工区采集作业结束后，勘察监督应按服务公司提供的资料清单所列内容逐项整理、检查、验收，并对整个工区资料进行汇总整理，在合同规定的地点进行交接，并提交资料交接清单。

2.2.3.3 勘察监督报告

监督应在作业结束后 15 天内完成勘察作业监督报告，并提交给派出单位 / 部门。

2.2.4 现场勘察资料保存运输管理要求

勘察原始资料以光盘刻录、硬盘等方式保存，运输管理要求参照物探资料相关要求，做好资料转储存档。

3 物探作业技术规程

本手册规定了物探资料采集和处理作业方法及质量控制技术指标等方面的常规要求，并适用于海上物探资料采集和处理作业的实施。

本手册内容引用或参照的标准见本手册 4.13 节。

如本手册中技术指标和内容与上述标准有所不同，在采集、处理作业执行中以本规定为准，本手册包括九个物探采集作业技术规程、七个勘察资料采集技术规程及两个三维地震资料采集设计规程。

3.1 物探采集作业技术规程

3.1.1 海上拖缆式地震资料采集作业

3.1.1.1 施工技术要求

3.1.1.1.1 设备配置要求

（1）基本要求。

① 每条电缆应至少每 300m 配备一个深度控制器 / 罗盘鸟，第一个深度控制器 / 罗盘鸟放置在距船尾最近道的线圈上，最后一个深度控制器 / 罗盘鸟放置在距最远道最近的线圈上。

② 距船尾最近的两个深度控制器 / 罗盘鸟和距尾标最近的两个深度控制器 / 罗盘鸟间距都不应大于 100m。

③ 每个震源子阵列至少应配置两个深度传感器和一个压力传感器，深度传感器安置在子阵列前部和尾部，压力传感器安置在距最大容量枪 4m 之内的位置。

④ 震源的所有单枪、组合枪、相干枪组的每一吊点必须配置近场检波器。

⑤ 电缆尾部应配备尾标 RGNSS。

（2）多源多缆要求。

多源多缆作业应配置前部定位网络和尾部定位网络，沿电缆每 3000m 配备一个中部定位网络。

① 每个震源至少配置一个 RGNSS 和一个声学鸟。

② 每条电缆前部至少配置两个声学鸟。

③ 每条电缆尾部至少配置两个声学鸟和一个 RGNSS。

④ 配备中部定位网络时，每条电缆至少配置两个声学鸟。

3.1.1.1.2 施工技术指标

（1）二维测线施工长度和衔接。

① 每次作业，测线至少应包括 1km 满覆盖长度。

② 测线衔接时至少重复 10 个满覆盖 CMP（共中心点）。

③ 同一条测线的采集方向应保持一致，如因特殊原因需要进行航向调整，测线衔接时应至少重复 40 个满覆盖 CMP（共中心点）。

（2）地震记录仪器。

① 记录格式符合 SEG 格式。

② 地震记录零参考时间（PTB：Predicted Time Break）与震源点火时间（CTB：Combined Time Break）相差不应超过采样间隔的 1/10。

（3）定位导航系统。

① 定位导航原始记录数据符合 UKOOA P2 格式。

② 定位导航成果数据符合 UKOOA P1 格式。

③ 二维作业，主参考点横向偏离设计测线的距离不应超过 25m。

④ 每条电缆前部至少有一个声学鸟正常工作，尾部至少有一个声学鸟正常工作。

⑤ 每个震源上至少有一个子阵列的尾标 RGNSS 和声学鸟同时正常工作。

⑥ 所有尾标 50%（含 50%）以上的声学设备和尾标 RGNSS 正常工作，并且至少有一个尾标 RGNSS 和声学设备同时正常工作。

⑦ 每个声学节点上至少应有三个声学有效观测值。

⑧ 任何连续 200 炮之中有 95% 的炮点应符合二维作业时，主参考点定位精度不大于 5.0m，震源定位精度不大于 6.0m，当使用尾标 RGNSS 时远道定位精度不大于 9.0m；三维作业时，主参考点定位精度不大于 4.0m，前部尾标 RGNSS 定位标定位精度不大于 5.0m，尾标定位精度不低于 5.0m，水下其他定位节点定位精度不大于 1/2 道间距。

（4）电缆排列。

① 在正常海况和作业速度下保持设计深度时，深度控制器翼角应在 ±5°以内，电缆前部两个和尾部一个深度控制器的翼角允许在 ±10°以内。

② 二维作业，最小偏移距道应正常，非特殊情况羽角应小于 10°。

③ 电缆深度和设计深度最大偏差不应超过 1.0m。

④ 每条电缆两个正常工作的深度控制器 / 罗盘鸟之间的距离应小于 600m，并且首、尾两对深度控制器 / 罗盘鸟至少各有一个正常工作。

⑤ 每条电缆不正常道数量不应超过本电缆总道数的 4%，且不应出现连续不正常道。

⑥ 任何连续 80 道内，不正常道数量不应超过 4 道，但不应出现连续不正常道。

⑦ 电缆平衡噪声测试标准使用 8Hz，18dB/oct 低切滤波器。在浪高小于 1m，拖曳速

度 4.0～4.5kn 的条件下测试时，噪声应符合：6.25m 道间距电缆 RMS（均方根）噪声应小于 10μbar；12.5m 道间距电缆 RMS 噪声应小于 7μbar；25m 道间距电缆 RMS 噪声应小于 5μbar；在电缆前部 10 道、尾部 3 道和电缆上悬挂其他设备的位置前后各 1 道，6.25m 道间距电缆 RMS 噪声应小于 16μbar；12.5m 道间距电缆 RMS 噪声应小于 11μbar；25m 道间距电缆 RMS 噪声应小于 8μbar；某一条电缆的 RMS 噪声不应超过其他电缆的 1.5 倍。

（5）震源系统。

① 施工开始前应对震源深度和压力传感器进行校准。

② 关枪应符合关枪技术要求。

a. 对于多枪组合震源，关掉某支或某几支枪后，施工震源应同时满足容量不小于设计震源容量的 90%、峰—峰值不小于设计震源峰—峰值的 90%、初泡比不小于设计震源初泡比的 90%、频谱与设计震源频谱的相关系数不小于 0.998。

b. 关掉坏枪，应由震源中与其相同类型、相同容量的备用枪来替换。

③ 任何一个子阵列上至少应有一个深度传感器正常工作。

④ 任何一个子阵列上至少应有一个压力传感器正常工作。

⑤ 近场检波器工作正常。

⑥ 震源深度与设计深度最大偏差不应超过 0.5m。

⑦ 震源工作压力不应低于额定压力的 95%。

3.1.1.1.3 不允许开始作业的要求

存在下列问题之一时，不允许开始作业。

（1）仪器月检项目中任何项不符合出厂标准或到期限未做仪器月检。

（2）仪器日检不合格。

（3）以下辅助设备之一工作不正常：

① 控制终端。

② 多道监视仪。

③ 测深仪。

④ 枪同步系统显示装置。

⑤ 电缆水下状态显示装置。

⑥ 现场 QC 处理系统。

（4）不符合本手册 3.1.1.1.1 节之配置要求。

（5）工区作业前电缆水下测试工作道存在异常情况。

（6）正常工作的水断道少于一个。

（7）非特殊情况，到测线前 1km 电缆羽角大于 10°。

（8）设置的深度控制器 / 罗经鸟距离超过 300m，或相邻两个正常工作的深度控制器 / 罗经鸟间距超过 600m。

（9）电缆沉放深度偏差大于 ±1m。

（10）双震源不能按规定交替放炮。

（11）震源沉放深度偏差大于 ±0.5m。

（12）任何一支枪自激，震源系统同步误差大于 ±1.0ms。

（13）气枪工作压力低于额定压力的 95%。

（14）气枪工作容量低于总容量的 90%或关掉不符合 3.1.1.1.2（5）中规定的枪。

（15）导航系统工作不正常。

（16）三维实时显示系统工作不正常。

（17）无法测定震源间、震源与电缆间的距离。

（18）震源间距误差值超过设计值 ±10%。

（19）相邻电缆头部间距超过设计值 10%，尾部超过设计值 20%。

（20）电缆首、尾 2 对罗经鸟有 1 对工作不正常或其他罗经鸟间距大于 600m。

（21）震源及电缆的 RGNSS 工作不正常。

（22）作业船速超过 5.5kn。

（23）现场 QC 处理系统工作不正常。

3.1.1.1.4 不允许继续作业的要求

存在下列问题之一时，不允许继续作业：

（1）采集仪器出现故障或日检不合格。

（2）出现 3.1.1.1.3（3）中的任何设备工作不正常超过 30min 的情况。

（3）任何一条电缆不正常道数出现连续 2 道及以上或多于总工作道数的 4%。

（4）电缆出现 3.1.1.1.3（5）～（9）的情况。

（5）震源出现 3.1.1.1.3（10）～（14）的情况。

（6）主导航系统出现故障，而第二导航系统又不能替代。

（7）出现 3.1.1.1.3（15）～（20）的情况。

（8）在前、尾网的声波定位系统测量正常情况下，电缆、震源 RGNSS 少于一个工作正常，不正常的 RGNSS 应在 24h 内修复。

（9）三维作业时，单源连续空炮、废炮达 10 炮或连续 100 炮中有 20 个空炮、废炮。

（10）二维作业时，连续空炮、废炮超过 10 炮或连续 100 炮内超过 20 个空炮、废炮。

（11）双震源不能按规定交替放炮。

（12）每束线的 RGNSS 可靠数据少于 70%，声学可靠数据少于 60%。

（13）现场 QC 处理系统故障超过 72h。

3.1.1.1.5 仪器系统要求

（1）在地震采集的准备和施工阶段的检验。

在地震采集的准备和施工阶段，应对地震仪器及辅助设备进行检验。

（2）年检验。

① 地震仪器及辅助设备（包括地震仪主机、野外站体、震源控制系统、编译码器、大线等）每年度应在设备维修单位进行一次年检验，取检验记录。检验项目和技术指标按仪器本身有关检验标准执行。

② 年检验周期不超过 12 个自然月。

③ 年检记录由责任部门组织有关单位共同验收签字，合格后方能投入施工。

（3）月检验。

① 在地震采集施工中，每月应对设备进行一次月检验，取检验记录。检验项目和技术指标按仪器本身有关检验标准执行，月检设备包括：

a. 地震仪器。

b. 编译码器与地震仪器辅助道联机测试，要求监视记录上辅助道信号正常，钟 TB 和验证 TB 时差在 1ms 之内。

c. 检波器串。

② 地震仪器和编译码器的月检验周期不超过 32 个自然日；检波器串在一个生产月内轮流用检波器测试仪测试一次，测试后，投入使用的检波器串合格率应达到 100%。

③ 月检验记录应由地震队经理、施工组、仪器组技术人员及物探监督共同验收签字，合格后继续生产。

（4）日检验。

① 每日开始施工前，对仪器和震源一致性、气枪的同步性进行检验，取检验记录。检验项目和技术指标按仪器本身的检验标准执行。

② 日检验记录由地震队施工组和仪器组技术人员共同验收签字，合格后方可投入生产。

（5）其他要求。

在地震采集施工中，更换、修理仪器有关的设备或因设备状况影响采集质量时，都应及时对有关设备进行检验。

3.1.1.1.6 其他

（1）生产时，应使用距离质保期到期大于两年且未使用过的合格磁带。

（2）每个震源每 40 炮应回放一张监视记录。

（3）每条测线结束后，每个震源应生成一张单道剖面。

（4）正常工作时，应每周测量一次水声速度。

（5）测深仪不正常工作不应超过 30min。

（6）二维作业连续空炮、废炮超过 10 炮或连续 100 炮内超过 20 个空炮、废炮应停止作业。

3.1.1.2 拖缆多船采集要求

3.1.1.2.1 震源要求

（1）震源设计应符合 Q/HS 1086《空气枪震源设计指南》要求。

（2）施工过程中，执行 3.1.1.1.2（5）的要求。

（3）多震源交替响炮按顺序排号并符合设计要求。

3.1.1.2.2 多船联合作业要求

（1）多船电缆要保持相对一致。

（2）多船通信设备工作正常。

（3）多船同步控制要保持正常。

3.1.1.3 采集资料评价

3.1.1.3.1 二维作业采集资料评价

（1）任何测线（段）空炮率、废炮率小于 5%。

（2）整个工区空炮率、废炮率小于 3%。

3.1.1.3.2 三维作业采集资料评价

（1）面元覆盖统计方法及参考覆盖要求按本手册 3.1.6.2.3（1）之规定执行。

（2）补线要求按本手册 3.1.6.2.3（2）之规定执行。

3.1.1.4 资料上交核对内容

（1）地震记录磁带标签及记录格式应包括但不限于以下内容：

① 总盘序号。

② 该测线的总盘数和基于测线的盘序号。

③ 工区基本信息，包括工区、甲方和服务公司名称。

④ 测线基本信息，包括测线号、施工序号、施工方向和施工日期。

⑤ 炮号和文件号范围。

⑥ 磁带机型号和记录格式。

⑦ 记录长度和采样率。

（2）导航原始记录带、成果记录带及记录格式。

（3）DGNSS 高程和潮汐记录数据及记录格式。

（4）仪器记录班报应包括但不限于以下内容：

① 封面。

a. 含工区及测线基本信息，包括工区、甲方和服务公司名称、测线号、施工序号、施工方向和施工日期等。

b. 仪器系统主要参数，包括仪器名称、记录格式、记录长度和采样率、滤波参数、仪器延迟等。

c. 震源系统参数，包括组合方式、容量、操作压力和沉放深度等。

d. 排列（电缆）系统参数，包括电缆型号、电缆长度和沉放深度、总道数及道间距等。

e. 导航系统主要参数，包括导航及定位系统名称、最小偏移距和中心源距、炮间距等。

f. 辅助道说明。

② 主体。

a. 工区基本信息，包括工区、甲方和服务公司名称。

b. 测线基本信息，包括测线号、施工序号、施工方向和施工日期。

c. 施工条件，包括风力和风向、流速和流向、涌浪情况。

d. 测线开始时和结束时不正常道及关枪情况。

e. 测线起始噪声和结束噪声对应的文件号。

f. 磁带盘号及对应的磁带机号。

g. 测线开始和结束文件所对应的炮号、时间、羽角和水深。

h. 每盘磁带上，起始、结束文件所对应的炮号、时间、羽角和水深。

i. 测线上发生特殊情况的备注。

j. 操作员签名、电缆相对灵敏度分析文件。

（5）综合导航班报应包括但不限于以下内容：

① 工区基本信息，包括工区、甲方和服务公司名称。

② 测线基本信息，包括测线号、施工序号、施工方向和施工日期。

③ 施工条件，包括风力和风向、流速和流向、涌浪情况。

④ 测线开始时和结束时对应的时间和炮号、主参考点横向偏离测线的距离、水深及电缆羽角。

⑤ 每 200 炮对应的时间和炮号、主参考点横向偏离测线的距离、水深及电缆羽角。

⑥ 测线上各导航设备的运行情况。

⑦ 测线上发生特殊情况的备注。

⑧ 操作员签名。

（6）导航配置图。

（7）电缆及震源配置图。

（8）采集时序图。

（9）监视记录。

（10）施工报告应包括但不限于以下内容：

① 封面。

a. 报告名称、施工单位落款及报告日期。

b. 封二包括报告名称、甲方、乙方和服务公司单位名称、施工时间、编写人、审核人和审批人姓名、施工单位落款及报告日期。

② 主体。

a. 目录。

b. 前言。

c. 工区概况。

d. 采集参数、主要设备及配置。

e. 野外采集概况。

f. 采集质量和时效分析。

g. HSE 相关信息。

h. 合同保密执行情况。

i. 资料交接和联系方式。

j. 问题和建议。

③ 附件及附图。

a. 主要人员及驻船代表名单。

b. 时序控制图和导航配置图。

c. 震源和电缆配置图。

d. 子波图。

e. 驻船代表的意见和评价。

f. 综合导航处理报告。

g. 现场处理报告。

h. 面元覆盖图。

i. 船机性能和专业设备性能参数。

j. 船队经理作业日报。

k. 综合导航班报和仪器记录班报。

l. 测线统计表。

m. 区块应急计划。

（11）上交资料应有装箱单及资料交接清单。

3.1.2 海底电缆地震资料采集作业

3.1.2.1 常用观测系统示意

图 3.1 和图 3.2 显示了几种常用观测系统图。

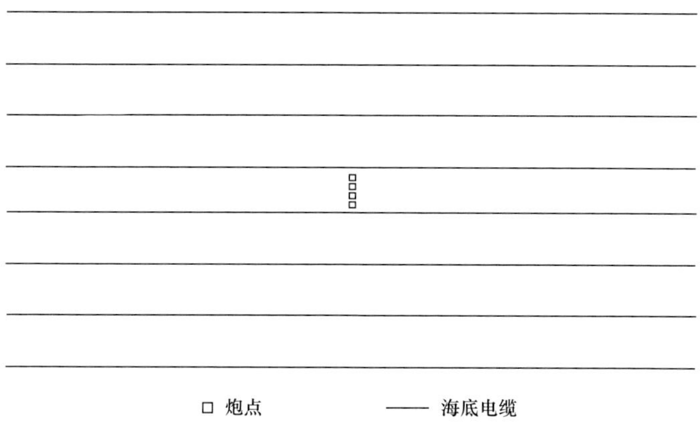

□ 炮点　　—— 海底电缆

图 3.1　正交束线观测系统

3.1.2.2 作业基本流程

3.1.2.2.1 海底电缆作业基本流程及要求

（1）根据测线设计坐标，作出设计测线和接收点位置坐标表。

（2）铺设前电缆需通过检测。

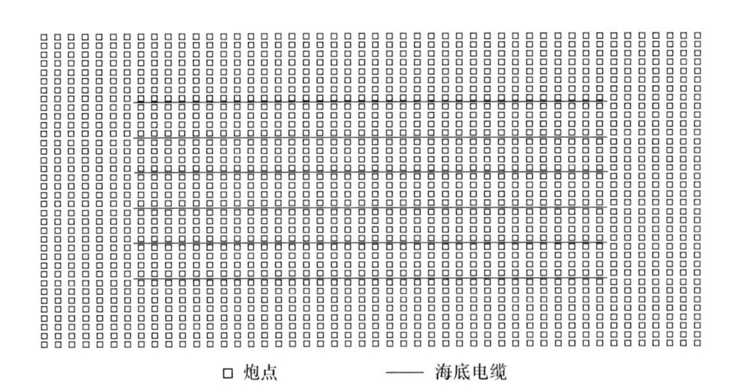

图 3.2　片状观测系统

（3）应充分考虑工区潮流，在水深且潮大的区域应选择平潮期铺设电缆。

（4）导航人员根据设计测线接收点坐标表指挥放置接收道。

（5）一条测线应尽量做到一次性铺设完毕。

（6）电缆衔接点误差满足定位精度要求。

（7）遇障碍时，采用弯曲铺设电缆须提供检波点实测位置。

3.1.2.2.2　水陆过渡带地震测线电缆铺设

（1）水陆过渡带中的滩涂及不受潮汐、水流影响的水网、湖泊、沼泽等区域的激发点和接收点，实测点与设计点的水平位置偏差一般小于 5m，大于 5m 的测点不超过单条线（束）总测点数 10%，且不允许连续五个点超过 5m。

（2）测量标志的设置应明显可靠，陆地与静止水域标志设置位置与所提供的实测坐标位置偏差不大于 1m，流动水域部分标志设置不超过水深。

（3）流动水域部分的所有激发点、接收点应当日测量、当日施工；静止水域在测量抛标后，若未及时施工，遇到大风，施工时应重新测量。

（4）海上或大面积水域施工时，沿每条接收线至少每 500m 提供一个水深数据及测量时间，每个激发点均提供激发时的水深和时间，水深变化剧烈的水域（相邻激发点、接收点水深差大于 1m）应提供每个激发点、接收点的水深数据及记录时间。

3.1.2.2.3　放炮与记录

按设计的观测系统激发和接收。

3.1.2.2.4　收缆

一条或一段束线作业完后，收起电缆，并及时对不正常道进行维修。

3.1.2.2.5　空气枪震源系统要求

（1）震源沉放深度偏差小于 0.5m。

（2）阵列配置应满足：

① 每个子阵列应至少配置一个压力传感器，压力传感器安置在距最大容量枪小于 4m 的位置。

② 每个子阵列应至少配置两个深度传感器，不得出现两个深度传感器同时存在故障

的情况。

③ 所有单枪、组合枪、相干枪组的每一吊点必须配置近场检波器。

3.1.2.2.6 罗经校准

物探作业船的罗经校准工作，可在就近港口的基线校准点（参照点）做专门校准，校准方法及要求参照 SY/T 10026—2018《海上地震资料采集定位及辅助设备校准指南》的相关规定执行。

3.1.2.2.7 定位作业

（1）铺设电缆、放炮作业应进行实时定位和监控，其数据记入磁带或光盘。

（2）电缆铺设的一次定位资料不得出现下列情况：

① 电缆的首尾检波点无定位数据。

② 电缆中间连续三个以上无定位数据的点。

③ 累计无定位数据点数超过该测线总点数的 5%。

（3）水深数据应每炮测定，无水深数据的测点不得超过连续五个点。

（4）正常施工条件下检波点的位置偏差应符合下列要求：

① 实测检波点位置与设计位置的偏差在横向、纵向均应小于设计面元尺寸的 1/2。

② 排列上连续偏差超限检波点数不应超过 10 个，累计偏差超限检波点数不应超过该排列总道数的 10%。

③ 电缆移动或更换水下设备（如大线、电源站、采集站、检波器等）之后，应重新进行二次定位。

（5）正常施工条件下激发点位置偏差应符合下列要求：

① 实测激发点位置与设计位置的偏差在横向应小于 10m，纵向应小于 5m。

② 单条测线上连续偏差超限激发点数不应超过五个，累计偏差超限激发点数不应超过该条测线总点数的 10%。

3.1.2.2.8 二次定位

二次定位包括初至波或声呐定位。

（1）声波二次定位。

① 声波数据采收率不低于 80%。

② 一条测线声学应答器至少每三道一个，连续不工作声学应答器个数小于两个。

③ 每条接收排列首尾端声学应答器需工作正常。

（2）初至波二次定位。

① 选择电缆的双沿端做初至波二次定位。

② 震源船与电缆的横向距离一般采用 75m，或根据试验确定。沿接收线方向炮点距离小于或等于道间距。

③ 初至波定位资料应记带。

（3）及时提供每次二次定位的成果数据，并绘出每次二次定位实测值与理论位置的平面拟合图。

3.1.2.3　施工技术要求

3.1.2.3.1　不允许开始作业

存在下列问题之一时，不允许开始作业。

（1）仪器月检中任何项不符合出厂标准或到期限未做仪器月检。

（2）仪器日检不合格。

（3）以下辅助设备之一工作不正常：

① 控制终端。

② 多道监视仪。

③ 测深仪。

④ 枪同步系统显示装置。

（4）声波二次定位系统工作不正常。

（5）电缆下水后，不正常工作道超过 2% 或多于两个相邻道。

（6）枪沉放深度偏差大于 0.5m。

（7）任何一支枪自激，枪系统同步误差超过 1.0ms。

（8）气枪工作压力低于额定压力的 95%。

（9）气枪工作容量低于总容量的 90% 或关掉不符合本手册 3.1.1.1.2（5）规定的枪。

（10）导航系统工作不正常。

（11）现场质控处理系统工作不正常。

3.1.2.3.2　不允许继续作业

存在下列问题之一时，不允许继续作业：

（1）采集仪器出现故障或地震仪器日检不合格。

（2）出现本手册 3.1.2.3.1（4）的情况。

（3）出现本手册 3.1.2.3.1（3）中的任何设备工作不正常超过 30min。

（4）任何一条电缆的不正常工作道多于两个相邻道或超过电缆总道数的 3%。

（5）震源出现本手册 3.1.2.3.1（6）～（9）的情况。

（6）激发点位置偏差连续超标大于五个。

（7）连续出现三个空炮、废炮。

（8）主导航系统工作不正常。

（9）连续五个（水深测量）点无水深（数据）。

（10）检波点不符合本手册 3.1.2.2.7（4）中的情况。

（11）现场质控处理系统故障超过 72h。

3.1.2.3.3　仪器系统要求

（1）在地震采集的准备和施工阶段，对地震仪器及辅助设备进行检验。

（2）年检验。

① 地震仪器及辅助设备（包括地震仪主机、野外站体、震源控制系统、编译码器、

大线等）每年度应在设备维修单位进行一次年检验，取检验记录，检验项目和技术指标按仪器本身有关检验标准执行。

② 年检验周期不超过 12 个自然月。

③ 年检验记录由责任部门组织有关单位共同验收签字，合格后方能投入施工。

（3）月检验。

① 在地震采集施工中，每月应对设备进行一次月检验，取检验记录，检验项目和技术指标按仪器本身有关检验标准执行，月检设备包括：

a. 地震仪器。

b. 编译码器（编译码器与地震仪器辅助道联机测试，要求监视记录上辅助道信号正常，钟 TB 和验证 TB 时差在 1ms 之内）。

c. 检波器串。

② 地震仪器和编译码器的月检验周期不超过 32 个自然日；检波器串在一个生产月内轮流用检波器测试仪测试一次，测试后，投入使用的检波器串合格率应达到 100%。

③ 月检验记录由地震队经理、施工组、仪器组技术人员及甲方监督共同验收签字，合格后继续生产。

（4）日检验。

① 每日开始施工前，对仪器和震源一致性、气枪的同步性进行检验，取检验记录，检验项目和技术指标按仪器本身的检验标准执行。

② 日检验记录由地震队施工组和仪器组技术人员共同验收签字，合格后方可投入生产。

（5）非定期检验。

在地震采集施工中，更换、修理仪器的设备或因设备状况影响采集质量时，都应及时对有关设备进行检验。

3.1.2.3.4 记录质量现场控制要求

（1）仪器系统监控包括以下内容：

① 每日响炮前对仪器系统和震源一致性的日检验记录进行检查，合格后方可投入生产。

② 每日响炮前检查各道的通导、绝缘情况，检查和录制环境噪声。

（2）仪器班报监控：每响完一炮按要求填写好仪器班报，检查记录图头反映的各种参数是否正确，如测线（束）号、当日炮号、激发点和接收点桩号、文件号、采样间隔、记录长度等。

（3）监视记录监控，应包括以下内容：

① 验证 TB 信号是否符合标准要求。

② 工作道极性是否正确，有无并道和道序错误。

③ 辅助道信息是否正常。

④ 初至时间各道变化是否合理。

⑤ 核对激发点偏移情况。

⑥ 检查各工作道是否正常，不正常道是否超过标准要求。

⑦ 检查各种干扰波的强弱情况。

⑧ 检查、分析记录品质及质量变化情况。

3.1.2.3.5 极性检查

电缆、检波器（串）极性检查，施工单位应对所用的检波器（串）和电缆进行极性的全面检查，经计算机处理后，显示记录初至下跳，数据打印为负值。处理后的极性记录和打印数据要经技术部门审查、验收并签字负责，由物探队保存。检修过的电缆、检波器（串）及新电缆、新检波器（串）均按前述办法进行极性检查。

3.1.2.3.6 遇障碍物作业

在地震资料采集作业中，如遇障碍物不能采用正常观测系统作业时，可采用变观法：

（1）应注意减少对最浅目的层的影响。

（2）三维采集应作出近、中及远段偏移距的面元覆盖图。

3.1.2.4 其他要求

3.1.2.4.1 磁带记录

（1）IBM 标准卡式带和移动存储设备。

（2）记录磁带必须有生产厂家的生产许可证和产品质量证书。

（3）需使用在规范储存条件下距离质保期到期前两年的磁带进行记录。

（4）一个采集作业的磁带盘号应按顺序连续编号。

（5）野外原始磁带必须写保护，磁带清洁、外观无损伤、有牢固的标签，标签填写清晰、准确。

（6）野外原始磁带与班报文件号等内容完全吻合。

（7）一盘磁带只能记录同一条测线的数据。每一线（束）内文件号统一编制，同一线（束）文件号不能重复，同一盘带内不得录制不同线（束）记录。补炮记录采用重编文件号，所有磁带记录应符合格式标准。

3.1.2.4.2 监视记录

（1）作业现场如因涌浪大、船干扰、排列挂渔网等原因，使电缆噪声突然增大时，要及时回放监视记录。

（2）监视记录应选用合适的回放参数以准确反映地震原始记录的面貌，作业期间未经采集监督同意，回放参数不得改变。

（3）应连续绘制并系统注明某可选道的单道剖面记录。

（4）每一束测线结束后，至少要绘制一张共中心点（CMP）测线的单道剖面。

3.1.2.4.3 现场地震资料质控处理系统

应随时启用现场质控处理系统对采集的每条测线（较长测线可分段）进行现场处理和质量分析，其内容包括磁带记录、噪声分析、频谱分析及粗叠加处理。

3.1.2.5 应重新补做的测线

（1）一条炮线的空炮、废炮率大于5%或整个作业空炮、废炮率大于3%。

（2）二次定位超限点和无定位数据点累计超过总测点数的10%。

（3）无水深数据的点超过总测点数的10%。

3.1.3 海底节点地震资料采集作业

3.1.3.1 常用观测系统示意

图3.3和图3.4显示了几种常用观测系统。

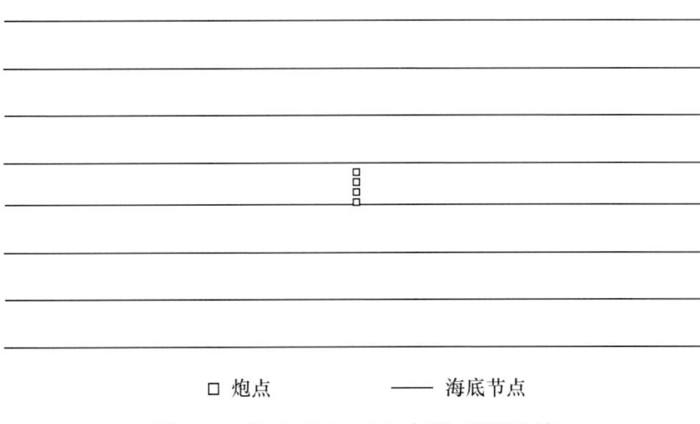

图3.3 海底节点正交束线观测系统

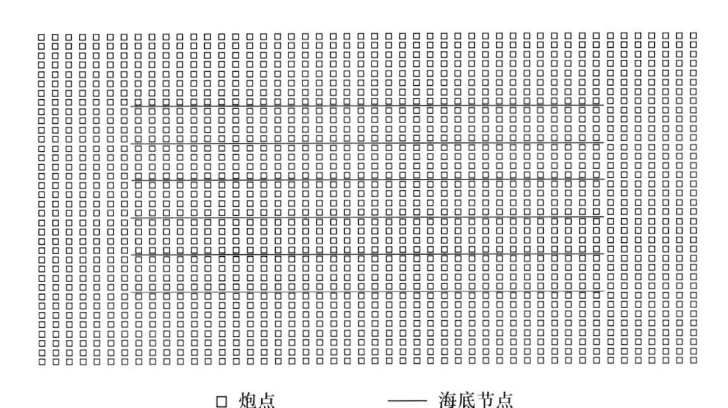

图3.4 海底节点片状观测系统

3.1.3.2 作业前节点设备检测及校准

3.1.3.2.1 节点系统年检

海底节点地震采集作业前，需对节点采集设备系统进行年检，年检应符合下列要求：

（1）地震采集作业前，应对海底节点设备系统工作站、服务器、NAS盘阵、充电桩、时钟控制单元等设备的工作状态进行检查。

（2）节点年检检测项目应包括内部噪声、谐波畸变、内部共模抑制比、串音和增益精度等，检测结果应符合仪器生产厂家或相关标准、技术要求所规定的指标。

（3）海底节点年检周期不宜超过 12 个自然月。

（4）地震采集施工过程中，新增及返修的海底节点设备在投入使用前应进行年检，检测通过后方能投入使用。

3.1.3.2.2 节点系统自检

海底节点设备系统自检应符合下列要求：

（1）海底节点铺放前应对所铺放的节点进行自检，自检项采用技术设计确定的采集参数进行检测，所铺放节点的检测合格率应达到 100%。

（2）海底节点铺放前应作好各项检查，检查内容包括海底节点激活及参数设置检查、电池电量、内部温度、内部湿度、海底节点工作指示灯状态等。

3.1.3.2.3 节点系统时钟校准

海底节点为彼此相互独立的采集单元，无法通过系统为其提供一个统一的全局时钟，而是通过其内部的时钟模块维护各自的本地时钟。开始作业前需对所铺放的节点统一进行时钟授时校准工作。授时校准流程如下：

（1）将时钟同步服务器信号接收单元置于空旷地带并连接到时钟同步服务器。

（2）等待时钟同步服务器内部时钟锁定。

（3）连接时钟同步服务器与海底节点室内系统以获取同步时间信息。

（4）通过室内系统校准海底节点本地时钟。

（5）等待校准完毕并查看海底节点本地时钟是否一致。

3.1.3.3 海底节点作业基本流程及要求

3.1.3.3.1 铺设节点

（1）根据前绘设计测线接收点位置铺放海底节点。

（2）一条排列宜做到一次性铺放完毕，宜减少排列衔接点。

（3）单条海底节点排列铺放完成后，其实测坐标位置偏差应符合下列要求：

① 当水深小于或等于 20m 时，实测海底节点位置与设计位置的偏差在横向和纵向均宜小于 8m。

② 当水深大于 20m 时，实测海底节点位置偏差在横向和纵向宜满足式（3.1）的要求，即

$$D \leqslant 8+\sqrt{H-20} \tag{3.1}$$

式中 D——节点纵向偏差和横向偏差，m；

H——作业工区水深，m。

3.1.3.3.2 放炮与记录

按设计的观测系统激发和接收。

3.1.3.3.3　收节点

一条或一束线作业完后，收起节点线，并及时对工作不正常节点进行更换。

3.1.3.3.4　震源系统要求

（1）配备能够有效监测气枪自激的枪控设备。

（2）阵列配置相关要求参见本手册 3.1.2.2.5 节内容。

3.1.3.3.5　罗经校准

参见本手册 3.1.2.2.6 节内容。

3.1.3.3.6　定位作业

铺设节点、响炮作业应进行实时定位和监控，其数据记入磁带或光盘。

节点线布设的一次定位应满足下列要求：

（1）节点线的首、尾端应有定位数据。

（2）节点线上连续无定位数据节点不超过三个，累计无定位数据节点不超过该排列总接收数的 5%。

（3）排列上连续无水深数据节点不超过五个，累计无水深数据节点数不超过该排列总接收点数的 10%。

3.1.3.3.7　二次定位

海底节点二次定位包括声学定位与初至波定位。工区作业前，宜进行初至波定位与声学定位对比试验，根据试验结果确定生产采用的二次定位方式。

（1）声学定位应满足下列要求：

① 单条测线有效声学应答器采收率不低于整条测线的 85%。

② 单个声学应答器至少接收四个以上有效声学测量数据。

③ 道间距小于或等于 50m 时，每条排列中每两个节点应配置一个声学应答器。道间距大于 50m 时，每个节点应配置一个声学应答器。

④ 测线首、尾端节点的声学应答器需工作正常。

（2）初至波定位应满足下列要求：

① 初至波定位应根据水深选择初至波定位的炮点，按照 SY/T 6901—2018《海底地震资料采集检波点定位技术规程》的相关规定执行。

② 选择节点线的双沿端做初至波二次定位，各沿炮线与排列间的距离采用等距离。

（3）节点因外力因素造成位置偏移或更换水下节点之后，应重新进行二次定位，并提供索引号对节点坐标进行区分。

（4）应提供二次定位的成果数据，并提供二次定位实测点与设计点位置偏差统计。

3.1.3.3.8　激发点定位

（1）应对激发点位置进行实时定位和监控。

（2）正常作业条件下，实测激发点位置与设计激发点位置的偏差在横向应小于 10m，纵向应小于 5m。单条炮线点位连续偏差超限激发点数不应超过五个，累计偏差超限激发点数不应超过 10%。

（3）所有激发点实时测定水深数据，累计无水深数据激发点数宜不超过该条测线总激发点数的 10%。

3.1.3.4　施工技术要求

3.1.3.4.1　不允许开始作业

存在下列问题之一时，不允许开始作业。

（1）节点年检中任何项不符合出厂标准或到期限未做节点年检。

（2）节点自检不合格。

（3）以下辅助设备之一工作不正常：

① 磁带机。

② 控制终端。

③ 测深仪。

④ 枪同步系统显示装置。

（4）声波二次定位系统工作不正常。

（5）节点布设前经测试未达到 100% 合格。

（6）枪沉放深度偏差大于 0.5m。

（7）任何一支枪自激，枪系统同步误差超过 1.0ms。

（8）气枪工作压力低于额定压力的 95%。

（9）气枪工作容量低于总容量的 90% 或关掉不符合本手册 3.1.1.1.2（5）中②规定的枪。

（10）节点衔接点误差超过定位精度要求。

（11）导航系统工作不正常。

（12）现场质控处理系统工作不正常。

3.1.3.4.2　不允许继续作业

存在下列问题之一时，不允许继续作业：

（1）出现本手册 3.1.3.4.1（3）中的任何设备工作不正常超过 30min。

（2）震源出现本手册 3.1.3.4.1（6）～（9）的情况。

（3）激发点出现连续超限点超过五个。

（4）连续出现五个空炮、废炮。

（5）主导航系统工作不正常。

（6）连续五个点无水深资料。

（7）节点线出现横向偏移超限。

（8）现场质控处理系统故障超过 72h。

3.1.3.4.3　记录质量现场控制要求

（1）海底节点性能。

海底节点设备性能应满足下列要求。

① 根据水深选择适用的海底节点设备类型。

② 海底节点连续工作时间应满足施工设计排列滚动要求，宜不低于 30 天。

③ 海底节点数据存储单元应满足施工设计数据记录存储量，宜不低于 64GB。

④ 海底节点应配置性能稳定的时钟控制单元。

⑤ 海底节点采集单元动态范围不低于 120dB。

（2）前放增益参数试验。

工区正式作业前应进行海底节点前放增益参数试验，根据试验结果确定适合工区的前放增益参数，要求如下。

① 需对海底节点的水检、陆检所有前放增益参数进行试验。

② 对试验海底节点记录的地震数据进行分析，综合震源容量、最小偏移距、水深、振幅溢出等情况确定出适合工区的前放增益值。

（3）海底节点系统监控。

海底节点系统监控应至少包括下列内容。

① 待铺放海底节点需通过自检且启动为采集记录模式。

② 每个下水海底节点的序列号与排列检波点桩号的对应关系。

③ 跟踪每个海底节点下水采集天数，海底节点下水采集记录天数需小于技术指标规定的天数。

④ 每条排列收起后，检查该排列的海底节点是否全部收起及单个节点的数据下载是否齐全。

⑤ 数据下载期间授时设备应工作正常，数据下载期间同步完成海底节点时钟授时工作。

⑥ 数据下载完成后，海底节点系统生成每个节点水下采集期间电量、温度、湿度、时钟漂移、姿态角、RMS 振幅等信息图件。

⑦ 根据海底节点信息图件质控每个海底节点下水期间的工作状态，查看是否有异常变化海底节点。

⑧ 海底节点系统输出的 RMS 振幅图检查，检查每个海底节点记录的炮数是否齐全，海底节点记录数据是否存在野值异常情况。

⑨ 对不正常海底节点进行更换，仪器人员记录好海底节点更换信息，标注故障明细。

（4）现场处理质量控制。

利用数据切割、旋转软件及资料处理系统对每条接收线海底节点资料进行分析与处理，海底节点地震资料处理质量控制应包括且不限于以下内容。

① 近场数据质控：

a. 响炮作业期间，需对每条炮线近场数据及时进行分析。

b. 近场数据如出现异常情况，及时进行分析与处理。

② 海底节点数据下载及质控：

a. 检查每条接收线下载完数据的海底节点数与铺放的海底节点数是否一致。

b. 同一接收线每个海底节点采集记录的数据量应基本一致。

③ 定位数据整理及质控：

a. 需质控海底节点点位坐标的准确性。

b. 进行多次定位的海底节点，对不能通过声学定位数据确定的海底节点坐标需通过初至波二次定位进行求取。

c. 通过索引号对海底节点坐标进行区分。

④ 切割旋转参数及数据格式检查：

a. 海底节点数据切割参数需与工区采集参数保持一致。

b. 地震数据旋转前需将工区磁偏角信息输入切割旋转软件中。

c. 每条海底节点接收线的原始数据及成果数据的数据道头格式检查，数据格式遵照采集设计要求。

⑤ 时钟漂移分析及校正质控：

a. 统计分析每条接收线所有海底节点的时钟漂移量。

b. 时钟漂移校正效果通过地震数据线性动校正、初至振幅图结果进行检查。

c. 对时钟漂移量大于技术指标规定的海底节点，应暂停下水采集，等待校正质控结果。

⑥ 海底节点姿态信息检查及质控：

a. 统计分析每条接收线所有海底节点水下采集期间记录的姿态角度信息。

b. 对于水下海底节点因位置移动出现姿态角度变化的情况，需通过声学定位数据及初至波定位数据重新进行坐标匹配。

c. 对于未记录到海底节点姿态信息数据的海底节点，需在现场处理班报上做好备注，后续通过地震数据进行姿态角度恢复。

d. 对每个海底节点的陆检三分量地震数据进行旋转，X 分量旋转至 Inline 方向，以海底节点为中心初至振幅图上 X 方向两侧海底节点数据极性相反表明姿态信息记录准确。当海底节点旋转结果显示为异常时，表明姿态信息记录不准确，此情况需在现场处理班报上做好备注，后续通过地震数据矢量重定向进行处理。

⑦ 近道剖面检查质控：

a. 通过近道剖面检查全偏移距范围内海底节点点位变化情况，质控节点是否出现拖动。

b. 利用每条接收线最小偏移距炮线近道剖面质控震源激发与海底节点采集同步一致性。

⑧ 共检波点道集检查：

a. 抽取每个海底节点采集记录的炮线数据进行共检波点道集记录检查。

b. 检查道集记录上地震数据是否齐全、道头字信息、频率成分及极性是否正确。

c. 共检波点道集记录的地震数据不低于采集设计数据的 50%。

⑨ 海底节点数据记带与质控：

a. 海底节点数据记带后通过磁带机复制拷贝带。

b. 采用有效技术（如 MD5 码校验技术）检查原始带与拷贝带数据的准确性及完整性。

海底节点数据切割、旋转完成后的地震资料相关处理流程宜按照 SY/T 10017—2017《海底电缆地震资料采集技术规程》的相关要求执行。

3.1.3.5 其他要求

3.1.3.5.1 导航班报、仪器班报

（1）导航班报检查内容应包括：

① 班报填写规范、齐全、正确。

② 对照设计检查炮点激发是否完全。

③ 对特殊情况的备注明确清楚。

（2）仪器班报检查内容应包括：

① 班报填写规范、齐全、正确。

② 对照设计检查节点布设是否完全。

③ 对特殊情况的备注明确清楚。

3.1.3.5.2 节点地震数据现场处理班报

节点现场处理班报检查内容应包括：

（1）节点质量控制班报填写规范、齐全、正确。

（2）按照测线对节点地震数据质量进行描述。

3.1.3.5.3 地震数据磁带的检查与管理

数据磁带的检查与管理应按照 SY/T 10017—2017《海底电缆地震资料采集技术规程》的相关要求执行。

3.1.3.5.4 资料提交

地震资料采集作业结束后，提交的资料应包括：

（1）原始连续记录共检波点道集数据。

（2）成果共检波点道集数据。

（3）仪器资料。

（4）导航资料。

（5）现场处理资料。

（6）震源资料。

（7）定位报告。

（8）采集施工报告。

（9）现场处理完工报告。

（10）监督报告。

（11）地震资料交接单。

3.1.4 水陆过渡带地震勘探资料采集作业

3.1.4.1 施工前的准备工作

施工单位在技术设计完成后应组织人员做好以下工作：

（1）仪器（含采集站）的年检或月检。

（2）爆炸系统的信号对比测试工作及其他非炸药震源的检测。

（3）电缆、检波器的测试及与仪器连接后的极性检查。

（4）测量仪器的校验和检定。

（5）其他装备的检修和检验。

所有检测、校验和检查资料必须经甲方现场质量监督签字认可。

3.1.4.2 试验工作

（1）分析、借鉴本区以往试验资料与工作方法，并结合本区地质任务要求，拟定试验项目及计划。试验工作完毕，试验资料经现场处理及分析后确定生产参数。

（2）在使用多种类型检波器、震源、仪器施工时，应提供匹配处理的相关资料。

3.1.4.3 测量工作

（1）水陆交互区施工的所有激发点、接收点进行实测。

（2）对于陆地、滩涂及不受潮汐、水流影响的水库、湖泊、沼泽等区域的激发点、接收点，实测点与设计点的水平位置偏差要求一般小于5m；大于5m测点不超过单条线（束）总测点数的10%，且不允许连续两个点超过5m。对于流动的水域、枯潮线至5m水深线，其偏差不得大于10m。

（3）测量标志的设置应明显可靠，陆地与静止水域标志设置位置与所提供的实测坐标位置偏差不大于1m，流动水域部分不超过水深。

（4）流动水域部分的所有激发点、接收点应当日测量、当日施工，不允许提前进行测量工作。静止水域在测量抛标后，若未及时施工，遇到大风，施工时必须重新测量。

（5）滩涂部分在地形相对高差超过2m时要提供高程数据。

（6）海上或大面积水域施工时，沿每条接收线至少每500m提供一个水深数据及测量时间，每个激发点均提供激发时的水深和时间；水深变化剧烈的水域（相邻激发点、接收点水深差大于1m），则应提供每个激发点、接收点的水深数据及记录时间。

（7）所有的坐标、高程、水深、测量误差数据均应以通用格式存盘并提交光盘和打印结果。

（8）其他要求按SY/T 5171—2020《陆上石油物探测量规范》的相关内容执行。

3.1.4.4 激发工作

（1）水深小于1.5m时，只能采用井中激发方式或插入式气枪激发方式，激发参数通过试验确定。

（2）气枪实际使用的容量、气泡比、峰—峰值，均不得超过各种震源所规定使用指标的10%，气枪的工作压力不得低于额定压力的95%。

（3）改变震源类型或参数时，应有试验对比资料证明所采用的各项参数能满足地质任务的要求。

（4）炸药激发时，爆炸系统与记录系统的 TB 信号之间的时差小于 2ms；可控震源激发时，可控震源的标准信号与扫描信号间的相位差应小于 2°；气枪激发时，气枪阵列的同步时差不超过 1ms。

3.1.4.5 接收工作

（1）在水深小于 1.5m 的各类水域，禁止使用压电式检波器。

（2）确保接收点位置的准确。接收点的组合中心与测量定位所确定的位置差要求：二维沿测线方向不大于道距的 10%，垂直测线方向不大于道距的 30%；三维沿接收线方向和垂直接收线方向均不大于道距的 10%。

（3）使用速度检波器进行组合接收时，应按技术设计或试验所规定的组合参数埋置检波器，埋置状态与耦合条件应当达到平、稳、正、直、紧的要求，且同一道内检波器间高差应小于 2m。

（4）各类检波器要在投入使用前进行一次测试，施工中要求每月至少进行一次测试，修复后的检波器，在使用前应重新测试，测试合格方可投入使用，测试结果应留存备查。

3.1.4.6 仪器操作

（1）正式投入生产前应完成仪器（含采集站）的年检工作，每月完成仪器（含采集站）的月检工作，每日正式开炮前，完成日检项目的检查工作。

（2）每日生产前，至少录制一张外界背景，以监督外路各道检波器与采集站的工作状况，及时排除所出现的问题，检查结果作为一项日检项目留存备查。

（3）每日在排列投入使用前应进行漏电测试，每道检波器测试漏电电阻的具体指标根据所使用仪器类型和测试方法确定。

（4）每条测线填写一张采集参数一览表，置于班报第一页，要求对所涉及的参数逐项填写齐全、字迹工整，不得出现任何遗漏、涂改等现象；每日放炮前应对照该表逐项检查所设置的参数是否正确，对生产中增加或修改的项目，应及时填补到该表中。

（5）仪器外路改变有关激发、接收项目或参数时，应准确地将所变动的内容及桩号等信息记录到班报正页的备注栏，并认真监视参数变动时对资料品质的影响，出现问题应及时解决。

（6）每放完一炮后，操作员要及时完成以下工作：

① 填写班报。

② 初评记录。

在此基础上，提出外路整改措施。

（7）野外采集工作除记好现行的班报以外，还要按国际通用的 SPS 或 P1/90 辅助数据格式提供电子班报。

3.1.4.7 资料整理、评价与上交

（1）资料整理的范围包括各类试验资料，仪器、震源、检波器、测量仪器的检查测试

资料，测量成果、监视记录、磁带、观测系统、班报（包括班报封面）等。必要时应提供静校正资料。

（2）测量资料的整理与上交按 SY/T 5171—2020《陆上石油物探测量规范》中的相关条款执行。

（3）地震监视记录质量评价，凡出现下列缺陷之一者，被认为是不合格品记录。

① 仪器的日检、月检不合格或超期限所生产的记录。

② 仪器参数不正确或仪器、主要辅助设备不正常情况下所生产的记录。

③ 记录上有严重的外界感应或邻队干扰。

④ 无爆炸信号，或者是内部时断信号。

⑤ 时断信号与第一条计时线同步误差超过 2ms。

⑥ 最小初至时间与正常值误差超过正常道时差的 1/2。

⑦ 工作不正常道数超过接收道数的 1/20。

⑧记录上出现二次冲击或多次冲击。

⑨ 一条测线中，空炮率、废炮率超过 5%（不包括遇障碍物时的空炮），该测线资料评为废品。

⑩ 计算机处理时，发现无法补救的错误（如严重奇偶错、严重丢码、操作错误、班报或磁带无法查对等）。

⑪ 震源能量不够，工作压力低于额定压力的 95%。

⑫ 气枪同步时差超过 1ms 的记录。

⑬ 定位精度满足不了 3.1.2.2.1（6）中所规定的要求。

3.1.5 海上卫星差分定位测量作业

3.1.5.1 基本要求

3.1.5.1.1 定位系统的选型原则

（1）选型原则。

选型按以下原则：

① 应保证作业所要求的精度。

② 作用距离应覆盖整个作业区域。

③ 定位测量功能应满足作业施工的要求。

④ 应全天候稳定可靠，具有连续作业能力。

（2）定位系统的配置。

应选用不少于两套不同的定位系统作为第一导航系统、第二导航系统……第 *N* 导航系统。不同的定位系统，包括以下内容：

① 不同的定位运行设备，包括不同的 GNSS 信号接收设备、不同的定位位置解算和质量控制系统、不同的电缆和计算机。

② 不同的差分信号系统，包括不同的差分信号传输介质和接收设备、不同的差分质

量控制系统、不同的电缆和计算机。

3.1.5.1.2 DGNSS 参考台

（1）陆基差分参考台。

陆基差分参考台的要求包括：

① 参考台附近不应有强烈信号干扰源，要求距大功率无线电发射源（如电视台、微波站等）距离大于 400m，距高压电网大于 200m。

② 参考台应靠近作业工区，距离应不大于 250km。

③ 参考台到作业区之间不应有障碍物，如高大建筑物、山地等。

④ 参考台差分信号应缩短通过陆地的距离，参考台应尽量靠近海边，减少陆地对无线电波的衰减。

⑤ 差分信号发射天线高度 20～25m，并装有避雷器。

⑥ GNSS 卫星接收天线与差分信号发射天线之间应有 10～30m 的距离。

⑦ GNSS 卫星接收天线位置应从地区性统一的大地控制点联测取得，联测方法及技术指标按 GB/T 18314—2009《全球定位系统（GPS）测量规范》中 B 级网的相关规定执行。

（2）星基差分参考台。

星基差分参考台要求包括：

① 首选参考台到工区距离没有限制的定位系统。

② 需要选择参考台的定位系统，该参考台到工区的距离应不大于 2000km。

③ 提供全天候实时不间断的差分数据。

3.1.5.1.3 移动台安装

移动台安装条件包括：

（1）GNSS 卫星和差分信号接收天线应安装在载体的较高部位，但不能高过避雷针。

（2）GNSS 卫星和差分信号接收天线周围高度角 5°以上应无大的障碍物遮蔽。

（3）GNSS 卫星和差分信号接收天线应尽量远离其他无线电发射和接收天线，相邻距离要 1m 以上。

（4）当 GNSS 卫星接收天线与作业船基准点不一致时，应安装精度小于或等于 0.1°的电罗经，并准确量取 GNSS 卫星接收天线至作业船基准点的偏移量，然后输入到综合导航软件中。

3.1.5.1.4 坐标系及投影方式

（1）坐标系。

DGNSS 定位系统采用 2000 国家大地坐标系，高程基准采用 EGM2008 模型，实时潮汐采用 DTU13 模型。当作业需要用其他坐标系（见 4.10 节），则需要知道该坐标系与 2000 国家大地坐标系之间的转换参数，坐标转换参数的求定和使用见 4.11 节。

（2）投影方式。

根据甲方要求，选择相应的投影类型，一般采用 6°分带法的通用横轴墨卡托投影方式（UTM）。在中国海域，UTM 投影具体参数如下：

投影类型：	通用横轴墨卡托投影（UTM）
纬度原点：	0°
中央子午线：	105° E（48 带）
	111° E（49 带）
	117° E（50 带）
	123° E（51 带）
	120° E　UTM（渤海地区专用）
北纬偏移：	0m
东经偏移：	500000m
中央经线比例因子：	0.9996

3.1.5.1.5　定位精度

在海上石油勘探开发作业中，采用的定位系统的定位精度应不大于 3m。常用的定位系统定位精度见 4.12 节。

3.1.5.2　系统检验

作业船出海前，应在有高精度 GNSS 控制点的码头，对所有定位系统进行检验，检验方法是把全站仪安装在该控制点上，然后观测各定位系统的 GNSS 天线到控制点的距离和方位。采集不少于 20 组数据，然后通过计算获得 DGNSS 的定位水平误差应不大于 2m。校验结果有效期为六个月。

3.1.5.3　质量控制

（1）在整个作业期间，应及时获取 DGNSS 系统最新状态通报，并将此信息及时通知作业船。

（2）实时监测 GNSS 卫星状态信息包括：

① 卫星高度和时间的关系曲线。

② 卫星方位角和时间的关系曲线。

③ 所有可跟踪的卫星和时间的关系曲线。

④ 每个卫星的可跟踪周期和时间的关系曲线。

⑤ PDOP 和 HDOP 值与时间关系曲线。

⑥ 卫星信号的可靠性和稳定性。

（3）移动台应接收不少于 4 颗健康的 GNSS 卫星进行坐标计算。

（4）使用星基参考台的 DGNSS 定位系统，应至少选择两个差分播发卫星进行坐标计算，并用于交叉检查，确保定位质量。

（5）DGNSS 差分校准值的更新率应小于 20s。

（6）所有定位系统的差分信号同时中断时间，不应超过 120s。

（7）95% 点位数据的卫星几何精度因子（DOP）值应小于 5。

3.1.5.4 资料整理

3.1.5.4.1 定位日记和作业日报

（1）日记中应记录每日作业情况、设备故障及作业中遇到的问题。

（2）日记应现场实时填写。

（3）日报应根据现场每日日记进行编写。

（4）日报应每天完成，并由定位队长和客户代表认可和签名。

3.1.5.4.2 数据整理

（1）定位数据记录格式应为 UKOOA P1/90 和 UKOOA P2/94 标准格式或合同要求的其他格式。

（2）配合导航软件，记录的定位数据应有以下内容。

① 作业船。

② 作业工区。

③ 测线号。

④ 记录号。

⑤ 炮号。

⑥ GNSS 时间和日期。

⑦ GNSS 卫星接收天线与作业船基准点的偏移量。

⑧ 坐标系和坐标转换参数。

⑨ 投影参数。

⑩ 经度。

⑪ 纬度。

⑫ 罗经数据。

⑬ 高程。

⑭ PDOP 和 HDOP 值。

⑮ 在存储介质表面上粘贴标签，内容应包括：

a. 作业工区。

b. 测线号。

c. 起止点号 / 炮号。

d. 记录格式。

e. 作业船队。

f. 作业日期。

3.1.5.5 成果提交

（1）提交现场数据和报告。

① 根据合同要求，提供现场记录的电子版原始定位数据。

② 纸质日报。

③ 定位系统的检验报告。

（2）根据合同规定的内容，提交最终作业报告。

3.1.6 海上拖缆式地震勘探定位导航作业

3.1.6.1 技术要求

3.1.6.1.1 坐标系参数选取

应按照合同的技术要求选取坐标系参数，常用坐标系参数参见 4.10 节。

3.1.6.1.2 设备配置

（1）基本要求。

① 每条勘探作业船应至少配备两套独立的差分全球定位系统（DGNSS）。

② 每条勘探作业船应至少配备一台电罗经和一台测深仪。

③ 同一电缆相邻罗盘 / 电缆深度控制器之间的距离不应大于 300m，并且在距船最近道和最远道附近各至少配置两个罗盘 / 电缆深度控制器，其间距不应大于 100m。

（2）二维要求。

当电缆长度大于 5000m 时，电缆配置尾标 RGNSS。

（3）三维要求。

① 应配置前部定位网络和尾部定位网络。

② 电缆长度大于或等于 3000m 时，沿电缆每 3000m 应配备一个中部定位网络。

③ 每个震源子阵宜配置 RGNSS 和声学鸟。

④ 每条电缆前部和尾部至少各配置两个声学鸟。

⑤ 每个电缆尾标上至少配置一个 RGNSS 和一个声学鸟。

⑥ 配备每个中部定位网络时，每条电缆至少配置两个声学鸟。

3.1.6.1.3 施工要求

（1）设备数量要求。

① 基本要求：每条电缆两个正常工作的罗盘 / 深度控制器之间的距离不应大于 600m，并且首、尾至少一个罗盘 / 深度控制器应正常工作。

② 三维作业要求：

a. 施工过程中有效电缆定位尾标数量不应少于尾标总数的一半，并且当电缆超过三条（含三条）时，非有效定位尾标不能两两相邻。

b. 施工过程中应至少有两个有效震源定位子阵或有效电缆定位前标，并且有效震源定位子阵或有效电缆定位前标不应位于船中线的同一侧。

c. 无电缆前标时，施工过程中每个震源至少应有一个有效震源定位子阵，并且有效震源定位子阵不应位于船中线的同一侧。

d. 每条电缆前部、中部和尾部至少各有一个声学鸟正常工作，相邻电缆不应同时只有一个声学鸟正常工作。

e. 无中部声学网络时，每条电缆前部和尾部至少各有一个声学鸟正常工作，相邻电缆不应同时只有一个声学鸟正常工作。

（2）间距相对误差要求。

常规多源多缆三维作业时，震源间距、电缆间距相对误差应满足表 3.1 的要求。

表 3.1　震源间距和电缆间距相对误差要求

间距类型	允许相对误差范围 /%
相邻震源间距	± 10
同一震源内相邻子阵间距	± 30
相邻电缆前部间距	± 10
相邻电缆尾部间距	± 40

（3）观测值数量要求。

常规多源多缆三维作业时，应有足够的声学冗余观测值。在部分观测值缺失或不合格的情况下，应保证每个声学定位节点仍至少有三个有效声学观测值。

（4）主要物理点位置精度要求。

三维作业时，各主要物理点位置相对于船位的误差应符合表 3.2 的要求。

表 3.2　主要物理点位置精度要求

物理点	误差椭圆长半轴 σ_{max}/m
震源中心	≤3.0
最近道	≤3.5
中道	≤4.5
最尾道	≤3.5

注：在测量数据处理中，通常假设观测误差向量服从正态分布，二维平面位置误差服从二维正态分布。定位精度使用误差椭圆长半轴 σ_{max} 来描述。

（5）先验标准偏差。

① 船载 DGNSS 东向坐标：± 2.0m。

② 船载 DGNSS 北向坐标：± 2.0m。

③ 震源、尾标 RGNSS 距离观测值：± 2.0m。

④ 震源、尾标 RGNSS 方位观测值，由式（3.2）计算求得其先验标准偏差：

$$SD_1 = \pm (3/R_1 \times 180° / \pi) \tag{3.2}$$

式中　SD_1——震源、尾标 RGNSS 方位观测值的先验标准偏差，（°）；

R_1——RGNSS 主天线到震源、尾标目标点的距离，m；

π——取 3.1415926…。

⑤ 电缆罗盘方位观测值：± 1.0°（首尾罗盘 ± 1.5°）。

⑥ 电缆声学观测值，由式（3.3）计算求得其先验标准偏差：

$$SD_2=\pm（1.1+1\%\times R_3）\quad（3.3）$$

式中 SD_2——电缆声学观测值的先验标准偏差，m；

R_3——声学定位器间的距离，m。

⑦ 电罗经方位观测值，由式（3.4）计算求得其先验标准偏差：

$$SD_3=\pm 0.75\times \sec B \quad（3.4）$$

式中 SD_3——电罗经方位观测值的先验标准偏差，(°)；

B——工区中心大地纬度，精确到秒。

（6）定位设备偏置误差。

用图表的方式表示各个定位设备的偏置值，偏置误差应满足表 3.3 的要求。

表 3.3 定位设备偏置误差要求

定位设备	纵向误差 /m	横向误差 /m	垂向误差 /m
船上定位点	± 0.1	± 0.1	± 0.1
尾标 RGNSS	± 0.1	± 0.1	± 0.1
震源 RGNSS	± 0.2	± 0.1	± 0.1
拖带声学探头	± 0.3	± 0.4	± 0.3

（7）DGNSS 数据对比。

作业过程中，每条线需要对船载 DGNSS 数据进行比较，对比差值应满足表 3.4 的要求。

表 3.4 数据对比差值要求

数据比较类型	限值 /m
东向坐标差	± 2.0
北向坐标差	± 2.0

（8）其他要求。

① 定位设备的校准按 SY/T 10026—2018《海上地震资料采集定位及辅助设备校准指南》的相关规定执行。

② 使用磁罗盘时，应做磁罗盘校正。

③ 电缆间距应直接测量，并尽可能使用双向声学观测值。

④ 正常作业期间，每周应至少测量一次水声速度。

⑤ 每条测线采集完成后 12h 之内，应完成测线的后处理。

3.1.6.1.4 设备性能要求

（1）实时综合导航系统。

应具有定位数据采集、时间标定、测线控制、数据计算和记录、面元覆盖次数统计、时序控制、导航头段输出及质量控制等功能。

（2）导航后处理系统。

应具备数据滤波、粗差剔除、内插外推、数值修正等处理手段，计算震源和接收道的最佳估计位置，评估定位导航数据质量。

（3）面元统计系统。

三维作业面元统计的主要性能包括：

① 根据震源和接收道位置，计算面元位置，形成覆盖次数图。

② 依据施工要求，应能对不同炮检距的数据进行面元统计分析。

③ 应能对电缆进行分段统计分析。

④ 应能进行扩展面元统计分析。

⑤ 应能剔除不合格的数据。

（4）多船作业设备主要性能。

① 应至少有一套无线通信系统保证多船间数据的实时同步传输。

② 综合导航系统应能提供并接收多船作业所需的定位导航数据。

③ 各船均应采用高精度（微秒量级）的系统时间，以满足多船作业时序控制的需要。

④ 综合导航系统应能随时监视爆炸信号的同步误差。

3.1.6.2 质量要求

3.1.6.2.1 基本要求

定位导航数据合格应满足：

（1）应依据导航后处理数据判断测线定位导航数据是否合格，导航后处理的单位权方差值应保持稳定。

（2）船载 DGNSS 观测值满足表 3.4 的要求。

（3）炮间距平均值与设计炮间距之差不超过 ±0.5m，炮间距标准偏差小于设计炮间距的 5.0%。

（4）测深仪不正常工作时间不超过 30min。

（5）RGNSS、声学和电缆罗盘观测值残差小于两倍先验标准偏差。

3.1.6.2.2 二维作业

主参考点横向偏离测线的距离不应超过 25m。

3.1.6.2.3 三维作业

（1）面元覆盖次数要求。

① 每条电缆按道数分为四段，每段为该条电缆工作道总数的 1/4，分别为近段、近中段、远中段和远段。

② 对面元覆盖次数进行统计时，应只统计同一面元内炮检距不同的 CMP 数据。

③ 面元覆盖次数要求见表 3.5。

表 3.5　面元覆盖次数要求

名称	范围	面元覆盖次数要求 /%
近段	前 1/4 电缆道	90
近中段	第二个 1/4 电缆道	80
远中段	第三个 1/4 电缆道	70
远段	后 1/4 电缆道	60
全缆	所有电缆道	75
四缆以上（含四缆）作业时，外侧电缆近段面元覆盖要求可降低		

（2）补线基本要求。

凡符合下列条件之一者，应补线：

① 近段或近中段，不满足覆盖次数要求的连续面元总长度超过 1/2 排列长度。

② 远中段或远段，不满足覆盖次数要求的连续面元总长度超过一个排列长度。

3.1.6.3　成果提交

3.1.6.3.1　导航数据格式要求

定位导航数据宜采用以下格式：

（1）定位导航原始数据采用 UKOOA P2/94 格式。

（2）定位导航成果数据采用 UKOOA P1/90 格式。

3.1.6.3.2　测线完成需提交的资料

测线完成后，提交的资料可以是文件或图表。主要包括：

（1）导航班报。

（2）第一定位系统与第二定位系统的坐标差统计。

（3）电罗经和测深仪数据。

（4）震源间距统计。

（5）相邻电缆前、中、后间距统计。

（6）电缆罗盘和深度数据。

（7）电缆羽角统计。

（8）导航后处理平差报告。

3.1.6.3.3　工区完成需提交的资料

工区完成后，提交的资料主要包括：

（1）定位导航原始数据和成果数据。

（2）船上定位设备配置图。

（3）电缆及震源定位设备配置图。

（4）时序控制图。

（5）资料交接清单及装箱单。

（6）导航报告，报告内容按本手册 4.6.3.2 节之规定执行。

3.1.7 海底地震二次定位作业

3.1.7.1 资料收集

（1）收集技术设计、施工设计、施工条件、作业参数、设备配备等资料。

（2）收集海图、水深数据、海底地形、潮汐等资料，了解海水流速、温度、含盐度、水上和水下设施、渔业情况。

（3）收集与使用二次定位技术有关的技术标准、管理规范及要求等。

3.1.7.2 二次定位技术适用条件

（1）声波二次定位技术适用条件。

① 采集设备适合使用声学应答器。

② 海况条件有利于声波信号的发射、传播和接收。

（2）初至波二次定位技术适用条件。

① 当不具备声波二次定位条件时，宜采用初至波二次定位。

② 单炮记录品质好，初至易于拾取。

3.1.7.3 设备、软件测试

3.1.7.3.1 声波二次定位系统要求

（1）采集项目施工前应将声波定位系统送到有专业资质的检定单位或部门进行检定，经检定合格的声波二次定位系统应提供有效检定合格证书。

（2）施工前，将投入使用的应答器抽样 3%～5% 的数量，对声波定位系统进行标定测试，标定误差不大于 2m。

3.1.7.3.2 初至波二次定位软件要求

（1）提供初至波二次定位软件认证或授权等方面的证书或资料。

（2）提供与声波二次定位系统的定位效果对比或检测资料。

3.1.7.4 二次定位技术要求和指标

3.1.7.4.1 声波定位技术要求和指标

（1）采用声波二次定位时，应配备海水声速测量、实时定位等设备。

（2）相邻应答器间隔不多于 3 道（25m 道间距），应答器与所要定位检波器的距离不得超过 0.5m。

（3）有应答器的检波器或电缆沉放到海底稳定后，方可进行声波二次定位工作。

（4）每个应答器要求有四个以上的有效观测值。

（5）定位仪应实时测量换能器的坐标。

（6）没有返回信号的应答器连续不能超过两个，单线（束）应答率应不低于80%。

（7）每周测定声波在施工水域中的传播速度。

（8）没有声波定位数据的检波点位置，通过数据插值的方法求取。

3.1.7.4.2　初至波二次定位技术要求和指标

（1）采用实时定位激发接收的地震数据。

（2）单炮记录初至清楚，极性一致。

（3）采样间隔不大于2ms。

（4）待定位检波点所在接收线两侧的炮数分别不少于10炮，炮点方位和炮检距分布均匀。

3.1.7.5　质量控制

3.1.7.5.1　声波二次定位现场质量控制

（1）应答器使用前，应按标准对应答器进行检测，检测合格方可投入使用。

（2）每个应答器投放前，应进行编号、标识，并对其所放置的桩号和理论设计坐标进行提前设置。

（3）在接收线端点需要布设应答器。

（4）定位船航速不超过5kn。

（5）当某一应答器工作不正常时，应做好记录，在收排列后及时更换。

（6）施工期间，由于自然或人为因素造成检波点偏移时，应再次进行定位。

（7）当对排列多次定位时，应提交相应的实时定位成果。

3.1.7.5.2　初至波二次定位处理质量控制

（1）拾取初至时，应查看道头信息、浏览初至时间，以保证初至时间的准确性。

（2）对二次定位的结果应通过近偏移距初至拟合或线性动校正等方法检查定位坐标的准确性。

3.1.7.6　资料整理与交付

（1）一条（束）测线施工结束后，提供一套SPS格式文件的检波点二次定位数据。具体数据的格式应符合SY/T 6901—2018《海底地震资料采集检波点定位技术规程》的要求。

（2）声波二次定位原始数据应分测线整理。

（3）初至波二次定位过程资料等保存至采集项目结束。

（4）资料交付的有关标识内容和格式参照SY/T 10017—2017《海底电缆地震资料采集技术规程》的规定执行。

3.1.8 海洋重磁资料采集作业

3.1.8.1 作业前的准备工作、技术调整

3.1.8.1.1 出海前实验室内的仪器检测

（1）重力仪在出海前需要在室内进行静态观测，月漂移率不超过 3mGal。

（2）当有多个海洋磁力仪探头时，需要在实验室期间选择地磁环境平静位置进行磁力仪探头一致性检测，经过 10min 以上的同时测量，来对多个磁力仪探头的读数进行误差分析，标准差不得超过 1nT。

（3）陆地地磁日变站使用的磁力仪探头也需要进行一致性检测，方法同海洋磁力仪探头。在陆地地磁日变站开始测量前，需要再次进行磁力仪探头一致性检测。多个磁力仪读数的误差不得超过 1nT。

3.1.8.1.2 仪器检测

（1）核实作业船只的导航系统、测深仪的位置和数据记录参数。

（2）重力仪必须安装在船只稳定的区域，尽量位于中轴线，并牢固固定；重力仪周围要有安全空间，避免被人为撞击；测量重力仪相对导航中心点的距离。

（3）重力仪需要 3～7 天的码头稳定，重力仪在码头达到稳定状态后，才能出海作业，这是为了保证重力仪的漂移是线性的。

（4）需要进行小球测试等仪器状态测试，以确保重力仪探头系统的稳定性。

（5）出海前进行码头基点比对，核实码头重力基点位置和重力绝对值。

（6）磁力仪需要进行仪器性能检测，以保证仪器处于正常的工作状态。但由于码头的地磁环境复杂，测量数据不准确，仅作为仪器工作正常的指示。

（7）确定磁力仪拖鱼电缆施放位置，避免与地震电缆和气枪等装置冲突。

（8）磁力仪电缆绞车必须严格固定，且安全通电。

（9）陆地地磁日变站需要在海上作业前 1～2 天开始测量。

3.1.8.2 质量控制

（1）作业船只的航向关系到海洋重力和海洋磁力的数据质量，需要稳定、匀速直线航行，当遇到转向避让障碍等情况必须记录在案，其中：

① 重力作业可以在 15kn 船速下进行，磁力作业可以在 12kn 船速下进行。

② 地震、重力和磁力联合作业时，直接应用地震作业的船只航行和导航定位的技术标准。

（2）值班人员需要认真记录班报，每 30min 记录一次仪器读数和船只航行参数；及时记录船只航行、测深仪、导航的工作状态。

（3）重力仪在测量期间不得受到撞击、振动等干扰，不得关机，若出现上述情况需要重新进行码头基点对比。

（4）为了获得稳定的重力数据，当船速为 5kn 时，提前 10min 上线，以保证重力仪在

上线前有 2km 左右的直线航行阶段。在随同地震作业期间，在船只开始直线航行到上线期间，往往有 20min 的时间，可以保障重力仪读数的稳定性。在地震作业结束后，船只应继续直线航行 5min，以保证测线上重力数据的完整。

（5）磁力仪必须将拖鱼电缆长度控制在船只长度的三倍，以消除船体对磁力仪读数的影响。

（6）陆地地磁仪需要全程测量；在地磁总场强度相对稳定的夜间传输数据和切换电池。

3.1.8.3 采集数据质量检查

（1）测量期间船只航行、重力、磁力、导航定位、水深等数据的采集是否按照国家标准和行业标准来实施。

（2）海洋重力数据、海洋磁力数据、陆地地磁日变数据、测深仪数据、导航 GNSS 数据完整。

（3）作业船只节点位置图正确，磁力仪和重力仪相对船只主导航位置正确。

（4）海上作业期间的值班班报详细。

（5）重力码头基点比对是否按照国家标准和行业标准来实施，重力仪读数在测量期间的月漂移率不超过 3mGal。

3.1.9 海上地震勘探现场数据质控

3.1.9.1 处理前的准备工作

（1）检查现场处理系统，应保证所有硬件设备、处理软件均处于正常工作状态。

（2）了解工区的相关情况，包括：

① 工区的勘探历史。

② 工区的地质资料情况、构造概况。

③ 如果是老工区，宜收集一条与本次施工位置相近的老剖面。

④ 本次施工的目的。

⑤ 工区的海况。

（3）了解合同中对现场处理所提出的要求及具体的现场处理项目内容：

① 针对合同中对现场处理所提的要求和处理项目做好充分的技术准备。

② 制订处理计划，设计处理流程，初步确定试验流程。

3.1.9.2 现场处理技术要求

3.1.9.2.1 数据格式转换

（1）将野外拷贝带数据格式转换为现场处理系统内部记录格式，保证一些重要的道头信息能够准确地转换到内部格式的数据道头中来。

（2）海底节点采集数据要检查时钟漂移校正、切割、矢量旋转等环节的正确性。

（3）至少每 100 炮监控显示一炮，保留相应图形文件，以检查格式转换的正确性。

（4）提取每条缆的近道数据并显示，检查野外数据的采集质量。

3.1.9.2.2 重采样（可选项）

将原始资料重新采样，新采样率应取原始资料采样率的两倍，重采样处理应使用防假频滤波器。

3.1.9.2.3 坏炮、坏道编辑

剔除不正常的炮和道，以减少对后续处理的影响，并对坏炮、坏道进行统计。坏炮、坏道范围参见 SY/T 10015—2019《海上拖缆式地震数据采集作业技术规程》。

3.1.9.2.4 观测系统定义

（1）二维资料根据野外施工参数定义观测系统，检查观测系统的正确性。置上 CDP、偏移距等道头信息。二维资料通常按纵向观测系统来处理。

（2）三维资料观测系统定义参见 SY/T 10020—2018《海上拖缆地震勘探数据处理技术规程》。

3.1.9.2.5 并道处理（可选项）

根据现场情况，进行两道（相邻道）并一道的合并道处理，选择合适的综合速度用于相邻道的时差校正，显示合并道处理前后的单炮。

3.1.9.2.6 振幅补偿

补偿地震波在传播过程中振幅能量的衰减，经振幅补偿后，浅、中、深层的能量应基本均衡。

3.1.9.2.7 叠前去噪

压制地震记录上明显存在的高低频噪声、随机噪声、线性噪声、侧反射、环境噪声等。

3.1.9.2.8 静校正

（1）海平面校正：将炮点和检波点校正到海平面，用炮点深度加上检波点深度，再除以水速，水速用工区实际测量速度，校正量取毫秒（ms）。

（2）系统延迟校正：根据班报记录进行震源、仪器延迟校正。

3.1.9.2.9 叠前反褶积

现场处理通常只进行时间域预测反褶积处理，目的是提高资料分辨率、压制部分多次波。

3.1.9.2.10 抽 CDP 道集

将反褶积后的炮集数据按 CDP、偏移距进行选排，形成 CDP 道集数据。

3.1.9.2.11 速度分析

（1）二维工区资料，只对第一条采集测线进行速度分析，每 1000m 一个速度点，然后选取构造最深部位的一个速度点速度作为整个工区的初始叠加速度。

（2）速度扫描范围应大于实际资料存在的速度范围，通常是1300～5000m/s。

（3）三维工区资料，只对第一束线选取一条CDP线进行速度分析，每1000m一个速度点，然后选取构造最深部位的一个速度点速度作为整个工区质量控制CDP线的初始叠加速度及全区近道数据体的叠加速度。

3.1.9.2.12　多次波衰减（可选项）

根据多次波的特点，通过试验选择有效的多次波衰减方法，明显的多次波和海上鸣震应得到有效衰减。

3.1.9.2.13　正常时差校正（NMO）和叠加

动校正叠加，动校切除参数应合理，拖缆采集资料应保留有近道，剖面海底特征明显。

3.1.9.2.14　叠后反褶积（DAS）（可选项）

根据实际资料情况，选择是否需要进行叠后反褶积处理，以求进一步压制残余多次波，改善剖面波组面貌特征。

3.1.9.2.15　偏移处理

（1）每个工区至少做一条CMP线的叠后时间偏移处理。

（2）偏移后的成果剖面，有效波归位合理，断点、断面清晰，无空间假频。

3.1.9.2.16　滤波和动均衡

（1）采用保留数据有效频宽的滤波参数对数据进行滤波。

（2）经滤波和振幅均衡处理后，有效反射同相轴波组特征清楚。

3.1.9.2.17　定位资料格式转换和检查

将综合导航处理后定位成果文件转换成处理所需格式，检查导航资料的正确性。

3.1.9.2.18　均方根（RMS）振幅分析

选取RMS噪声分析数据体，确定噪声分析时窗，形成噪声分析数据文件，根据用户要求绘制成成果剖面或从屏幕交互显示，必要时可以抓图保留图形文件，按用户要求格式存取。

3.1.9.2.19　近道数据体叠加

选取每条缆的近八道数据进行非选排叠加，形成整个工区的三维近道叠加数据体。

3.1.9.2.20　三维时间切片提取

在三维近道叠加数据体上每隔500ms提取一个时间切片，交互显示切片结果，检查野外资料的面元覆盖情况。

3.1.9.2.21　成果输出

根据采集合同，按照输出格式要求输出各种成果数据、地震剖面并提交处理报告。

3.1.9.3 现场处理试验和质量控制

3.1.9.3.1 现场处理试验

（1）现场处理人员通常应使用第一条 / 束采集测线试验处理流程和参数，以最快的速度，调试出最佳的处理流程和参数。现场处理流程应简捷，尽可能将各种信息真实反映出来，便于驻船代表分析、判断船队施工质量。

（2）试验内容。

① 必做项目。

a. 噪声调查及分析。

b. 频率调查。

c. 振幅补偿。

d. 切除参数。

e. 反褶积方法和参数。

f. 速度调查。

g. 动校正（NMO）和叠加。

h. 三维近道数据体叠加和时间切片。

i. RMS 振幅分析。

j. 滤波。

k. 振幅均衡。

l. 显示参数。

m. 地震数据与导航数据合并后的近道线性动校正（LMO）。

n. 用户提出的其他试验。

② 可选项目。

a. 震源子波反褶积。

b. 近场数据检查分析。

c. 拖缆相对灵敏度分析。

d. 多次波衰减。

e. 叠后处理。

f. 偏移。

③ 最终处理流程和参数的确认。

试验时保证单一参数变化进行处理。经过以上试验后，归纳、总结出一个基本处理流程和参数进行试处理。确定的流程和参数未经监督同意，不允许擅自改动。二维资料常见处理流程图如附图 A.4 所示，三维资料常见处理流程图如附图 A.5 所示。

3.1.9.3.2 质量控制

在地震资料处理过程中，每完成一步处理，处理人员都应检查作业运行文件、质量控制图件和中间成果，确保生产作业编码正确，作业运行正常，达到本手册 3.1.9.2.2 节规定的各项技术要求。同时详细记录处理班报，对采集质量作出评价。具体有以下几个环节：

（1）解编时查看作业文件和作业运行列表文件，检查解编数据范围是否和班报一致，炮号、文件号、道号等重要道头字是否正确。

（2）检查观测系统作业，二维观测系统重点查看偏移距、CDP 等道头信息是否正确；三维观测系统重点查看处理原点、面元大小、SUBLINE、CROSSLINE、旋转角度等信息是否正确，处理原点宜选在工区左下角，观测系统应包含整个工区范围且在四个方向上各扩大一个排列长度。

（3）通过二维叠加，查看 CDP 范围是否和班报数据一致，检查叠加剖面是否正常；通过三维近道叠加，查看面元覆盖情况。

（4）通过二维偏移作业查看偏移后 CDP 范围是否和班报数据一致，检查偏移剖面是否正常。

（5）通过三维道合并，查看道合并后数据炮点、检波点的 X、Y 坐标是否正确；查看近道线性动校正作业是否正确，保留图形文件以便于复查。

（6）导航数据格式转换时查看作业编码文件，重点查看导航数据格式是否选择正确，处理范围是否和野外一致，应使用交互软件包显示处理结果。

（7）通过三维近道时间切片，查看面元覆盖情况，是否和定位数据面元一致。

（8）通过噪声分析，查看工区噪声分布情况，应保留图形文件。

3.1.9.4 处理成果

3.1.9.4.1 处理成果的内容

（1）成果数据应包括：

① 二维资料每条线的叠加纯波数据。

② 二维资料每条线的近道数据。

③ 每条 / 束线的 RMS 数据。

④ 三维资料的近道叠加数据体。

⑤ 三维资料近道叠加数据体的时间切片。

⑥ 三维资料每束线用于质量控制的 CDP 线的叠加纯波数据。

（2）成果剖面应包括：

① 二维资料每条线的叠加剖面。

② 三维资料每束线用于质控的 CDP 线的叠加剖面。

③ 每条 / 束线的 RMS 剖面，以图形文件格式保留。

3.1.9.4.2 处理成果的格式要求

（1）地震成果数据为现场处理系统内部格式，如果用户需要应记为 SEG-Y 格式。

（2）成果剖面显示内容：

① 测线名、剖面类型。

② 二维测线显示炮号、CDP 号；三维测线显示 SUBLINE 线号、CROSSLINE 线号等。

③ 时间剖面两侧注有时间刻度。

3.1.9.5 处理报告

（1）封面格式及内容：如附图 A.6 所示。

（2）报告主要内容及要求。

① 报告目录：单独一页。

② 项目概况：简要叙述施工合同情况、测线条数、施工开始日期、施工结束日期、工区位置和地质概况、本次施工期望完成的地质任务和处理要求及其他需要概括说明的内容等。

③ 野外采集参数：内容包括采集船队、采集日期、野外采集系统参数、采集仪器设备和参数、震源系统参数、定位系统参数及其他参数。应包括班报提供的与处理有关的信息。

④ 现场处理设备和处理软件系统：列出所在船队配备的现场处理设备和软件情况。

⑤ 现场处理人员：列出所有参与本合同的现场处理人员。

⑥ 处理流程设计和参数试验分析。

⑦ 野外资料质量分析和质量控制。

⑧ 现场处理流程和效果分析。

⑨ 现场处理过程中遇到的问题及解决办法。

⑩ 资料品质评价。

⑪ 存在问题及建议。

⑫ 成果列表：提交的成果及有关说明，如剖面数量、比例尺。

⑬ 现场处理完成的测线列表。

⑭ 报告附图应包括：

a. 工区位置图。

b. 测线布置图。

c. 处理流程图。

d. 三维资料近道数据体时间切片。

e. 干扰情况示意图。

f. 典型叠加剖面图。

g. 其他有助于说明问题的图件。

3.2 勘察资料采集技术规程

本手册规定了勘察资料采集、处理和解释方法及质量控制技术指标等方面的常规要求，并适用于海上物探资料采集和处理作业的实施。

3.2.1 导航定位作业

3.2.1.1 方法

（1）海上勘察船只导航定位方法采用 GNSS 差分定位法，水下设备定位采用超短基线水声定位方法。

（2）GNSS 差分定位适用于所有比例尺的勘察。

（3）局部海域测量定位采用长基线水声定位系统；短基线水声定位系统适用于距水中目标上方很近时的测量定位；超短基线水声定位一般用于建立海洋联测点的导航定位和水下设备的定位。

3.2.1.2 要求

（1）走航式工程物探探测导航定位应满足：

① 勘察船只提前至少 2 倍后拖电缆长度（包括尾标）的距离进入测线的延伸线。

② 航迹与设计测线偏离距应介于测线间距的 ±20%，但其最大偏离距不得大于 20m。

③ 导航定位数据记录格式为 UKOOA P1 或 UKOOA P2 格式。

（2）定点式调查导航定位应满足：

① 水深小于 300m 时偏差应小于或等于 6m。

② 水深 300～1000m 时偏差应小于或等于 10m。

③ 水深大于 1000m 时偏差应小于水深的 1%，且最大偏差应小于或等于 20m。

（3）其他基本要求参照本手册物探导航定位的相关要求。

3.2.2 工程物探调查作业

3.2.2.1 水深测量

3.2.2.1.1 仪器要求

（1）测量精度在水深不足 40m 时应小于或等于 0.2m，在水深大于或等于 40m 时应小于实际水深的 0.5%。

（2）单波束测深仪仪器分辨率应优于 5cm。

（3）水深测量设备应具备涌浪和测深传感器吃水校正功能。

（4）潜器调查（深拖调查、AUV 调查、ROV 调查）搭载安装多波束系统：仪器耐压深度级别应大于调查区最大水深，潜器应搭载运动传感器、声速测量设备和高精度压力传感器。

3.2.2.1.2 施工要求

（1）多波束测深相邻测线之间应有不少于 15% 的数据重复覆盖。

（2）调查作业开始前及测深调查作业期间，进行适当数量测点的声速剖面测定工作，并对测深数据进行声速校正。

（3）使用多波束测深系统测深作业时应对传感器的姿态进行校正，并提供系统校正参数和实验报告。

（4）出现下列情况之一时应当进行补测：

① 测深信号不能正确量取或读取水深值。

② 因偏航、规避船舶或渔网等原因导致测深数据缺失。

3.2.2.2 地貌调查

3.2.2.2.1 仪器要求

（1）旁侧扫描声呐工作频率应为 50～500kHz，单侧作用距离应不小于 300m。

（2）可分辨出单侧扫描范围 1/200（或 $2m^3$）大小的海底物体。

（3）应有足够长的拖曳电缆。

（4）潜器调查（深拖调查、AUV 调查、ROV 调查）搭载的旁侧扫描声呐系统的耐压深度级别应大于调查区最大水深。

3.2.2.2.2 施工要求

（1）相邻测线要有 20%～30% 的重复覆盖。

（2）确定最佳仪器工作参数，使记录图谱清晰。

（3）声呐拖鱼离海底的高度一般应控制在单侧扫描量程的 10%～20%。

（4）出现下列情况应进行补测：

① 未达到设计的覆盖率。

② 记录图谱无法有效判读。

（5）AUV 调查时，AUV 距离海底的高度应控制在拖鱼单侧扫描量程的 20%～35%。

（6）深拖调查时，深拖拖体距离海底的高度应小于或等于 100m。

3.2.2.3 地层剖面调查

3.2.2.3.1 仪器要求

（1）分辨率：浅地层剖面仪，地层分辨率优于 0.3m；中地层剖面仪，地层分辨率优于 1.0m；较深地层剖面仪，地层分辨率应在 2～5m 之间。

（2）工作频率：浅地层剖面仪，应在 500Hz～15kHz 之间；中深度地层剖面仪，应在 100Hz～10kHz 之间；较深地层剖面仪，应在 60～5000Hz 之间。

（3）拖曳式震源及水听器应有足够长度的电缆。

（4）深水区、超深水区调查时，浅层剖面仪换能器应采用潜器搭载系统，仪器耐压深度级别应大于调查区最大水深。

（5）深水调查时，中层剖面系统震源应采用发射能量 6kJ 以上的电火花系统或气枪。

3.2.2.3.2 施工要求

（1）获得最佳的地层穿透深度和较高的分辨率，将噪声和各种干扰波降低到最低程度。

（2）保持每条测线记录剖面资料的完整性，漏测或缺失部分不应大于 200m。

（3）对有工程意义或灾害性的地质目标，应进一步查明目标的性质并确定其分布范围。

（4）对不符合质量要求的剖面和偏移距离大于设计测线间距的 20% 或大于 20m，都应进行补测或重测。

3.2.2.4 多道数字地震调查

3.2.2.4.1 仪器要求

（1）电缆上的配置。

① 至少有两个水断道。

② 道数不少于 96 道，道间距不大于 12.5m。

③ 至少每 200m 配置一个罗经鸟 / 深度控制器。

④ 根据作业需要可在电缆尾部配置带 RGNSS 的尾标。

（2）设备要求。

① 高截频滤波不低于 250Hz。

② 气枪工作容量不应低于总容量的 90%。

③ 气枪工作压力不应低于额定压力的 95%。

④ 枪控制器的精度误差在 ±0.1ms 之间。

（3）记录。

① 磁带有效期限为保质期到期前两年。

② 记录格式应为 SEG-D 或 SEG-Y 格式。

③ 记录介质应为磁带、硬盘或光盘。

（4）数字地震系统应按规定进行月检和日检。

（5）应保证 1000ms 记录长度以内的地层信息清晰。

3.2.2.4.2 施工要求

（1）道数不应少于 96 道，道间距不得大于 12.5m，炮间距应小于或等于 12.5m，数据采样率不应大于 1ms，记录长度应不小于 2000ms，震源和电缆沉放深度不得大于 4m。

（2）不正常工作道不应超过总道数的 6%；整条测线的空炮率应小于 5%，连续空炮数不应超过 4 炮；监视记录的计时线清晰，道迹均匀，气枪同步信号和激发信号（TB）的断点清楚。

（3）气枪点火同步率一般应控制在 0.3ms 以内，最大不应超过 0.5ms，超过 0.3ms 数量不得大于总数的 20%。

（4）电缆的羽角应记录在班报上，当测线较长时，至少应每 40 炮记录一次羽角，羽角一般不得超过左右 5°。

（5）其他基本要求参照本手册 3.1.1 节海上拖缆式地震资料采集作业的相关要求。

3.2.2.5 海洋磁力调查

3.2.2.5.1 仪器要求

（1）灵敏度高于 0.02nT，精度达到 0.2nT。

（2）分辨率应不差于 0.5nT。

（3）测量范围应不小于 15000nT。

3.2.2.5.2 施工要求

（1）海上调查开始前应在调查区进行船磁方位影响试验，确定最佳工作参数，使记录上磁场强度线清晰可读。

（2）海底管缆探测时，磁力仪探头与海底的距离应小于 10m。

（3）磁力仪采用潜器拖曳模式时应距拖曳主体至少 10m。

3.2.3 海底取样作业

3.2.3.1 施工要求

3.2.3.1.1 定位与偏差

实际取样点位与设计点位的偏差应符合下列要求：

（1）水深小于 300m 时偏差应小于或等于 6m。

（2）水深 300～1000m 时偏差应小于或等于 10m。

（3）水深大于 1000m 时偏差应小于水深的 1%，且最大偏差应小于或等于 20m。

3.2.3.1.2 取样要求

（1）浅水区柱状取样器至少应具备获取 2m 长度土样的能力。

（2）深水区柱状取样器至少应具备获取 6m 长度土样的能力。

（3）表层样品采样量应不小于 1000g。

（4）用蚌式取样器或箱式取样器取样三次以上仍未取到样品时，如确认是底质因素造成时，可不再取样。

3.2.3.2 样品的现场编录和处理

3.2.3.2.1 现场编录

海底柱状取样现场描述内容包括：土质名称、颜色、气味、粒度、稠度、结构及包含物等，必要时应拍照。

3.2.3.2.2 现场处理

（1）对于原状样，应用切样机将其切割成 50～100cm 长的若干段，并对土样进行现场描述。

（2）对于扰动样，应先对土样进行现场描述，然后选择部分样品用干净的保湿材料包装。

（3）保存样品的个数和质量应根据所获样品的总长度而定，一般应符合以下规定：

① 样长小于或等于 1m 时，每个取样点保存一至两个样品。

② 样长 1～2m 时，每个取样点保存的样品数应不少于三个。

③ 样长大于 2m 时，每个取样点至少应保存四个样品。

④ 每个袋装样品应不小于 1000g。

3.2.4　工程地质钻探作业

3.2.4.1　施工要求

3.2.4.1.1　一般要求

（1）定位与偏差。

实际钻孔位置与设计钻孔位置的偏差距离要求如下：

① 水深小于 300m 时偏差应小于或等于 5m。

② 水深大于 300m 时偏差应小于水深的 2%，且最大偏差小于或等于 50m。

（2）深度校正。

① 钻探取样过程中每半小时用测深仪测一次水深，并对孔深和取样深度进行校正。

② 潮位变化较快时应适当加密水深测量间隔。水深测量应使用测深仪，作业前应测量声速剖面。每回次取样深度误差应小于或等于 0.2m。

3.2.4.1.2　取样要求

（1）取样间隔。

① 从海底泥面开始，0～20m 深度以内连续取样。

② 20～40m 深度每 2m 取一个样。

（2）取样收获率。

① 黏性土层应不低于 80%。

② 砂性土层应不低于 60%。

③ 砾石层、风化或破碎基岩及卵石层应不低于 50%。

④ 完整基岩层应不低于 70%。

⑤ 收获率不符合要求时至少应补取一次，且不得出现在连续两个规定的取样深度漏取或没有取到样的情况，否则应移孔位进行补取。

3.2.4.2　钻探编录

钻探记录应在钻探过程中同时完成。记录内容应包括钻进取心班报、岩土描述及现场试验记录。

3.2.4.3　样品的现场处理

3.2.4.3.1　土样的现场处理

对于需要进行室内特殊土工试验的深水样品，应密封保留在不锈钢取样管内。其他样品宜在现场用液压推土器从取样管中推出，待完成现场描述和试验后，按以下要求留取样品：

（1）将土样切割成长 150～200mm 的几段，每段土样的土质成分应一致。

（2）每一取样回次中，黏性土至少应留取两个原状样，粉土和细砂至少应留取一个原状样。

（3）留取扰动样时，细粒土（黏性土和粉土）不应少于 500g，粗粒土（砂土、砾砂）

不应少于 1000g。

3.2.4.3.2　岩心样的现场处理

（1）按顺序及时将岩心样品存放到特制的岩心箱内，并用岩心牌将每一回次岩心分开。

（2）岩心牌上用油性记号笔标明开始和终止深度。

（3）岩心缺失处需标明，并用填料填齐。

（4）对需要保持天然湿度的岩心应立即蜡封。

3.2.5　原位测试作业

3.2.5.1　一般要求

（1）原位测试与取样不在同一个钻孔中进行时，至少应有一个原位测试孔与取样孔之间的距离在 5～20m 范围内。

（2）检验原位测试成果的可靠性，并与室内试验和已有工程反算参数进行对比。

（3）剔除原位测试成果中的异常数据。

3.2.5.2　标准贯入试验

（1）海上标准贯入试验点水深不宜大于 10m。

（2）标准贯入试验深度不宜大于 10m。

3.2.5.3　静力触探试验

（1）海上用静力触探仪除应安装有锥端阻力、侧摩阻力和孔隙水压力传感器外，一般应安装有倾斜度、温度和深度传感器。

（2）静力触探探头应每年标定一次，且每次作业之前应在现场对拟使用的探头及采集系统进行联合测试。如为 PCPT 探头，使用前应对探头进行除气饱和。

（3）进行静力触探试验时探头的贯入速率应为（20 ± 2）mm/s，测试数据间隔应小于或等于 20mm。

（4）每次开始测试前和测试结束时都应记录锥端阻力、侧摩阻力和孔隙水压力参数。

3.2.6　室内试验

3.2.6.1　土的物理性质试验

各类工程均应测定下列土的分类指标和物理性质指标。

（1）砂土：颗粒级配、相对密度（比重）、天然含水率、密度。

（2）粉土：颗粒级配、液限、塑限、相对密度（比重）、天然含水率、密度。

（3）黏性土：液限、塑限、天然含水率、密度。

3.2.6.2 土的化学性质试验

（1）砂土目测鉴定含胶结质时应做碳酸盐含量试验。

（2）黏性土和粉土目测鉴定含有机质时应做有机质含量试验。

3.2.6.3 土的静力学性质试验

土的力学性质试验应根据具体工程项目要求和土质类型确定，通常包括以下两项。

（1）黏性土试验项目：固结试验、固结不排水直剪、无侧限压缩、不固结不排水三轴压缩、固结不排水三轴压缩。

（2）砂性土试验项目：固结排水直剪、固结排水三轴压缩、休止角。

3.2.6.4 土的动力学性质试验

需测定土的动力学性质时，应采用振动三轴压缩试验、循环单剪试验、共振柱试验或弯曲元试验。

3.2.6.5 岩石的物理力学性质试验

岩石的物理力学性质试验应包括：

（1）岩矿鉴定。

（2）相对密度和密度。

（3）吸水率和饱和吸水率。

（4）点荷载试验。

（5）饱和极限抗压强度等。

3.2.6.6 岩土的分类与命名

（1）土的分类应根据下列指标确定。

① 土的颗粒组成及其特征。

② 土的塑性指标：液限、塑限和塑性指数。

③ 土中有机质含量。

（2）岩石可按下列因素分类。

① 岩石成因。

② 岩石强度。

③ 岩石风化程度。

④ 岩石软化系数。

3.2.7 资料处理及解释作业

3.2.7.1 水深测量资料

（1）水深测量资料解释必要时应参考纸质模拟记录进行校对。

（2）基准面宜采用海图深度基准面。

（3）潮位订正宜采用现场同步验潮资料，也可采用潮位预报资料。

（4）如遇明显地势起伏时，应结合地貌资料标明该区域水深变化的范围及其中最大和最小水深值。

（5）绘制水深成果图，水深成果图上水深值应精确到 0.1m。

3.2.7.2 地貌资料

（1）初步识别海底沉积物类型，分析海底微地貌。

（2）对海底障碍物进行识别和位置确定，确定它们的真实位置、分布范围和形状大小（或高度）。

（3）具有垂向起伏的海底面特征，应计算出其近似的高度或起伏深度。

（4）绘制海底地貌特征图。

3.2.7.3 地层剖面资料

（1）识别地层剖面记录中的各种干扰信号，去除假象。

（2）进行剖面地层（声学）层序的划分，并与调查区域内的工程地质钻孔分层资料相对比。

（3）分析各层序的空间形态及各层序之间的接触关系，确定各层序的地质特征与工程地质特性。

（4）进行地震相分析（反射结构、振幅、频率、同相轴等），推测沉积环境、沉积物类型及其工程地质特性等。

（5）识别工程灾害性地质特征，并确定其性质、大小、形态、分布范围及走向。

（6）绘制浅地层等厚度图、地质特征图及地质剖面图。

3.2.7.4 多道数字地震资料

（1）划分地震层序，确定与地质层位的对应关系。

（2）分析速度资料，提取均方根速度或平均声速、层速度，用于时—深转换或作进一步解释。

（3）进行地震相分析，推断沉积环境。

（4）确定工程地质条件，识别滑坡、断层（或断裂破碎带）、浅层气、高压气囊（或气道）、天然气水合物、高压浅层水等灾害性地质因素。

（5）选择典型构造层面，绘制地层构造层等深度图。

3.2.7.5 磁力调查资料

（1）确定磁性物体的位置和状态。

（2）结合旁侧扫描声呐和浅地层剖面探测的成果编制地质特征图，或单独绘制磁力异常图。

3.2.7.6 岩土现场资料

（1）进行初步分层、土质特性分析并确定土层的设计参数。

（2）制订陆地室内岩土试验项目计划。

（3）进行基础承载力初步计算分析。

3.2.7.7 岩土室内资料

3.2.7.7.1 试验成果

按照试验项目单和GB/T 50123—2019《土工试验方法标准》国家标准进行试验，并提交以下试验成果：

（1）样品描述记录。

（2）试验成果汇总表。

（3）颗粒大小分布曲线。

（4）应力应变曲线及剪切强度包线。

（5）固结试验曲线（如 e—p 曲线和 e—$\lg p$ 曲线等）。

3.2.7.7.2 土质分层和设计参数选取

（1）编绘钻孔柱状图、地质剖面图、土质特性剖面图。

（2）给出各土层的工程分析设计参数。

3.2.7.8 基础工程分析

（1）承载力分析，包括：管道基础、防沉板式基础、重力式基础、筒形基础，以及自升式钻井平台基础等。

（2）锚抓力分析，包括：拖曳式埋置锚、吸力锚桩和打入式锚桩。

（3）稳定性分析，包括：冲刷、滑移、地基的变形与沉降，以及自升式钻井平台桩腿穿刺危险性等。

3.3 三维地震资料采集设计规程

3.3.1 海上拖缆式三维地震资料采集设计规程

3.3.1.1 任务确定与要求

3.3.1.1.1 任务确定

根据地质任务，明确地震部署、技术要求、地理位置、工作量、施工期限、资料采集要求、资料处理要求、资料解释综合研究目的等。

3.3.1.1.2 勘探目的及要求

主要明确：

（1）工区勘探、开发现状（地震、钻井、测井、成藏模式等情况）、地震资料现状。

（2）本次勘探的目的和要求。

3.3.1.2 已有资料收集

3.3.1.2.1 自然地理、气象、工程设施及人文地理资料

地震采集设计前收集的资料宜包括：

（1）自然地理资料，包括海底地形、海洋潮汐资料等。

（2）气象资料，包括气候特点、温度、风季等。

（3）工程设施信息，包括海底管线、工程设施分布等。

（4）人文地理信息，包括行政区划信息等。

3.3.1.2.2 地质资料

地震采集设计前收集的地质资料宜包括：

（1）工区位置等。

（2）区域地质资料，包括大地构造区划、地层、岩性、构造特征、石油地质和主要探井资料等。

（3）工区以往的勘探、开发成果和综合报告等。

3.3.1.2.3 地球物理资料

地震采集设计前收集的地球物理资料宜包括：

（1）以往地震资料，包括数据信息和研究成果报告及主要附图等。

（2）地质、地球物理参数，包括勘探目的层的岩性、深度、速度、频率等信息。

3.3.1.3 已有资料分析

3.3.1.3.1 采集参数调查

包括但不限于：

（1）震源参数（包括容量、子阵数目、震源间距、沉放深度、能量、子波频谱等）。

（2）接收参数（包括电缆长度、缆数、缆间距、道间距、沉放深度等）。

（3）记录参数（包括采样间隔、记录长度，记录滤波器的低切频率、高切频率及对应的倍频程陡度值等）。

3.3.1.3.2 地震资料品质分析

（1）干扰波调查，包括但不限于：

① 干扰波类型、速度、频率、波长、分布范围及能量变化情况。

② 多次波发育分布状况分析。

（2）频率特征及频带分布分析，包括但不限于：

① 原始单炮频率特征及频带分布特征。

② 叠加剖面、成果剖面频率特征及频带分布特征。

3.3.1.4 采集参数设计

3.3.1.4.1 确定满覆盖面积

根据勘探要求、目的层埋深、倾角及偏移孔径等确定满覆盖面积。

3.3.1.4.2 建立地球物理参数模型

（1）在地质认识指导下，统计分析地层深度、速度、倾角、断层产状、特殊地质体等信息。

（2）初步确定地球物理模型参数，如地质界面、埋深、速度、密度、倾角等。

（3）通过模型正演分析，建立并优化地球物理模型。

3.3.1.4.3 等深度拖缆采集参数论证及选择

（1）接收参数。

① 根据作业条件选择最小炮检距。

② 依据目的层对频宽要求，选取合理的电缆沉放方式及深度。

③ 最大炮检距的设计包括但不限于：

a. 最大炮检距不小于目的层的深度。

b. 动校正拉伸。

在合成炮记录上，对每一道计算动校正拉伸百分率与时间的关系。通常选择 12.5% 为动校正拉伸上限值，使动校正拉伸产生的畸变较小。满足动校正拉伸允许的最大炮检距由式（3.5）计算，即

$$X_{max}=\sqrt{2t_0^2v^2D} \tag{3.5}$$

式中 X_{max}——最大炮检距，m；

D——动校正拉伸百分比，%；

t_0——目的层双程反射时间，s；

v——叠加速度，m/s；

c. 压制多次波。

最大炮检距的设计至少使多次波剩余时差大于一个周期，最大炮检距 X_{max} 应满足式（3.6），即

$$X_{max}\geqslant v\left(d_t^2+2d_t\times 2t_0\right)^{1/2} \tag{3.6}$$

式中 X_{max}——最大炮检距，m；

t_0——多次波时间（在 $2t_0$ 处估算），s；

v——多次波速度，m/s；

d_t——在炮检距 X_{max} 处多次波的最大时差，s。

d. 速度分析精度。

为保证一定的速度分析精度，应使正常时差大于 1/2 视周期，并满足式（3.7），即

$$X_{max}\geqslant\left(2hv/f\right)^{1/2} \tag{3.7}$$

式中 X_{max}——最大炮检距，m；

h——目的层深度，m；

v——均方根速度，m/s；

f——视频率，Hz。

通常，速度分析精度的上限值为 5%。

e. AVO 分析。

最大炮检距满足 AVO 分析的需要，即 AVO 目的层入射角至少 30°以内的反射波都能被接收到，而且要求反射系数相对稳定。

f. 满足绕射波能量较好收敛的原则。

g. 分析计算接收排列内反射系统变化情况。

④ 面元尺寸：需要满足防止出现空间假频（混叠频率）和满足横向分辨率的要求。最高无混叠频率由式（3.8）、式（3.9）计算，即

$$b_x \leqslant v_{int} / (4 f_{max} \sin\theta_x) \tag{3.8}$$

$$b_y \leqslant v_{int} / (4 f_{max} \sin\theta_y) \tag{3.9}$$

式中 b_x——纵向面元尺寸，m；

b_y——横向面元尺寸，m；

v_{int}——目的层上一层的速度，m/s；

f_{max}——最高无混叠频率，Hz；

θ_x——纵向地层最大视倾角，(°)；

θ_y——横向地层最大视倾角，(°)。

横向分辨率要求在每个优势频率的波长内，至少有两个采样点，与此相应的面元边长由式（3.10）计算，即

$$b \leqslant v_{int} / (4 f_{dom}) \tag{3.10}$$

式中 b——面元边长，m；

f_{dom}——目的层主频，Hz；

v_{int}——目的层上一层的速度，m/s。

在信噪比高、构造较简单的地区，面元边长是目标尺度的四分之一，复杂区可适当减小面元尺寸。

⑤ 采集方向宜垂直于构造及主断裂的走向。

⑥ 偏移孔径：需要考虑的参数包括以下几项参数，并选择最大值。

a. 大于第一菲涅尔带半径，由式（3.11）计算，即

$$M > 0.5v\sqrt{2t_0 / f_{dom}} \tag{3.11}$$

式中 M——偏移孔径，m；

v——叠加速度，m/s；

t_0——目的层双程反射时间，s；

f_{dom}——目的层主频，Hz。

b. 满足绕射波能量较好收敛的原则，由式（3.12）计算，即

$$M > Z\tan 30° \text{（30°范围可包含绕射能量的95\%）} \quad (3.12)$$

式中 M——偏移孔径，m；

Z——最深目的层深度，m。

c. 大于倾斜目的层偏移的横向移动距离，由式（3.13）计算，即

$$M > Z\tan\Phi_{max} \quad (3.13)$$

式中 M——偏移孔径，m；

Z——最深目的层深度，m；

Φ_{max}——最深目的层最大倾角，(°)。

（2）激发参数。

① 激发参数建立应包括并不限于以下因素。

震源数目、震源分布距离与方位、激发点（炮点）间距离与方位、震源容量、气枪类型、子阵数目、子阵间距、沉放深度、挂点间距、气枪的激发延迟时间及工区环境参数等。

② 激发参数评价。

结合勘探要求，优选激发参数：

a. 时间域子波的主峰值、峰—峰值、初泡比。

b. 频率域的频带宽度、平滑程度、优势频段及能谱特征。

c. 利用建立的地球物理模型，依据采集需要，按照Q/HS 1086，进行震源子波的吸收衰减正演模拟分析，优化激发参数。

（3）记录参数。

记录参数应包括但不限于以下因素：

记录系统、时间采样率、记录长度、地震记录系统的滤波器参数（滤波器的低切、高切频率，以及对应的倍频程陡度值等）。

① 时间采样率。

根据地震勘探精度要求，并有效防止假频出现确定时间采样率，由式（3.14）计算，即

$$\Delta t = 1/(2f_N) \quad (3.14)$$

式中 Δt——采样间隔，ms；

f_N——奈奎斯特（Nyquist）频率，Hz。

为了防止假频，通常要求时间采样率Δt满足式（3.15），即

$$\Delta t \leqslant T/2 \quad (3.15)$$

式中 Δt——采样间隔，ms；

T——有效反射信号视周期，ms。

地震记录系统采用的滤波器的高切频率通常取奈奎斯特（Nyquist）频率的1/2～3/4。

② 记录长度。

记录长度 T 的计算见式（3.16），即

$$T \geqslant T_0/\cos 30°\tag{3.16}$$

式中 T_0——最深有效反射层双程反射时间，s；

T——记录长度，s。

此外，增加1s记录时间将使基底绕射具有更长的尾巴，可以改善成像的效果。

（4）覆盖次数。

① 纵向覆盖次数的计算见式（3.17），即

$$N_x=n/2d_x\tag{3.17}$$

式中 N_x——纵向覆盖次数；

n——每条接收电缆中的有效接收道数；

d_x——纵向激发点移动间距相当于道距的个数。

② 横向覆盖次数的计算见式（3.18），即

$$N_y=(P\times R)/2d_y\tag{3.18}$$

式中 N_y——横向覆盖次数；

P——排列不动所需的激发点数；

R——接收线数；

d_y——线束滚动距离相当于横向激发点距的个数。

（5）模拟正演。

通过射线追踪或波动方程等方法进行模型正演，论证分析道距、炮检距等参数的选择，研究不同构造部位的模拟结果，指导观测系统设计及可行性分析。

3.3.1.4.4 变深度拖缆采集参数论证及选择

变深度拖缆采集缆形设计，应满足以下要求。

（1）参考本工区或相邻工区以往勘探、测井等数据资料，建立地震地质模型。

（2）根据勘探目的和要求，选择拖缆缆形。

（3）选择目的层反射界面，进行正演模拟。

（4）依据模拟结果，绘制一次反射波与鬼波图、时间域剩余鬼波相对振幅图、频率域剩余鬼波频谱相对振幅图。

（5）模拟结果应至少满足下述要求之一：

① 一次反射波与鬼波的模拟结果中，鬼波的斜率大于给定的阈值。

② 时间域剩余鬼波相对振幅图中，剩余鬼波振幅值远离给定的阈值。

③ 频率域剩余鬼波频谱相对振幅图中，剩余鬼波频谱振幅远离给定的阈值。

④ 综合采用①～③，经过加权处理，满足阈值需求。

3.3.1.4.5 宽方位拖缆采集参数论证及选择

宽方位采集应满足以下要求：

（1）最大纵向偏移距应满足 3.3.1.4.3（1）③的要求。

（2）结合地震解释层位、断层数据、测井数据等，建立地质模型。

（3）针对地质目标，计算需求的横纵比，计算需求的最大横向偏移距。

（4）依据正演照明和正演成像结果，优选满足需求的观测系统。

3.3.1.5 建议采集参数

根据采集参数论证结果，给出建议的采集参数。

3.3.1.6 作业周期估算

根据建议的采集参数，依据有资料面积、施工环境（气候、潮汐、渔业干扰、航行干扰、其他干扰）等，估算作业周期。

3.3.1.7 设计报告编写

3.3.1.7.1 格式

设计报告的文本应采用 A4 纸规格。

3.3.1.7.2 内容

（1）依据采集设计包含的内容，编写设计报告。

（2）与采集设计项目相关的其他内容，如采集设计审查会会议纪要、参数调整说明以及备忘录等相关材料、内容等。

3.3.2 海底地震三维地震资料采集设计规程

3.3.2.1 工区概况

工区概况应主要描述以下内容：

（1）工区地理位置。

（2）工区构造位置。

（3）工区海况分析（天气、潮汐、海流、渔业、海底地貌等）。

（4）工区勘探现状（地震、钻井、测井、成藏模式等情况）。

（5）地震资料现状。

3.3.2.2 现场踏勘

应对以下项目进行踏勘，并提供相关数据及图件：

（1）水深。水深踏勘应覆盖整个工区，对特殊水域（浅水区、水深变化大区域、海沟等）进行详细踏勘。

（2）障碍物。对水面及水下障碍物（包括生产平台、FPSO、浮体标识、定置网具、沉船等）进行踏勘。

3.3.2.3 目的及要求

应明确本次勘探要解决的问题，应包括：

（1）目的层及次要目的层深度。

（2）期望的分辨程度、成像要求等。

3.3.2.4 已有资料分析

按以下原则选择工区内具有代表性的地震测线进行分析：

（1）如工区溢油海底地震采集资料应优先选择。

（2）应包括垂直、平行构造走向的测线。

（3）如已有钻井，应优先选择过井测线。

（4）应包括最深目的层、最陡倾角的测线。

3.3.2.4.1 采集参数分析

应分析下列采集参数：

（1）震源参数（包括容量、沉放深度、能量、子波频谱等）。

（2）记录参数（包括记录系统、采样率、记录长度，滤波器的低切、高切频率及对应的陡度等）。

（3）接收参数（包括检波器类型、组合个数、组合方式等）。

（4）观测系统参数（包括接收线长度 / 线数 / 线距 / 点距、最大炮检距、最小炮检距、激发线距 / 点距等）。

3.3.2.4.2 地震资料品质调查

调查内容应包括：

（1）主要干扰波类型及特征，提供噪声分析图。

（2）多次波发育分布状况分析，提供速度谱分析图。

（3）提供 CMP 道集和近道单次剖面自相关图。

3.3.2.4.3 频率特征及频带分布分析

（1）提供原始单炮浅、中、深层频谱图。

（2）提供原始单炮近、中、远偏移距处频谱图。

（3）对原始 CDP 道集进行分频扫描，通频带为：10～20Hz、20～40Hz、30～60Hz、40～80Hz、50～100Hz、60～120Hz、70～140Hz、80～160Hz。

3.3.2.4.4 不同炮检距处理效果分析

应通过对不同炮检距的地震资料进行处理，获得不同炮检距处理的地震叠加剖面，分析最大、最小炮检距对不同目的层的影响。

3.3.2.4.5 现有地震资料存在问题

总结已有资料分析结果，指出资料的优、缺点及三维采集设计中的对应措施。

3.3.2.5 采集参数论证及选择

3.3.2.5.1 选择观测系统

根据地质任务、采集目的、水深条件等选择观测系统。海底地震三维地震采集观测系统通常采用束状观测系统或块状观测系统。

3.3.2.5.2 接收线布设方向

接收线布设方向应垂直于构造及主断裂的走向，并利用三维照明分析进行确定。

3.3.2.5.3 最大最小炮检距

在一个子区内，不同CMP面元的最小炮检距是不同的，其中最大的最小炮检距称为最大最小炮检距。

最大最小炮检距宜选择最浅反射层深度的1～1.2倍。

3.3.2.5.4 最大炮检距

最大炮检距的设计主要应考虑以下几个参数：

（1）最大炮检距一般应接近于最深目的层的深度，保证最深目的层不受直达波干扰。

（2）在合成炮记录上，对每一道计算动校正拉伸百分率与时间的关系。主要目的层附近动校正拉伸率应小于20%，通常选择12.5%作为动校正拉伸上限值。

（3）最大炮检距的设计至少使多次波剩余时差大于一个周期，最大炮检距X_{max}应满足式（3.6）。

（4）为了保证一定的速度分析精度，应使正常时差大于1/2视周期，最大炮检距应满足式（3.7）。

（5）最大炮检距应满足AVO分析的需要，即AVO目的层入射角在30°以内的反射波都能被接收到，而且要求反射系数相对稳定。

3.3.2.5.5 接收系统

接收系统包括接收线长度/线数/线距/点距、最大炮检距、最小炮检距、每道检波器个数及组合形式、灵敏度、动态范围等。

3.3.2.5.6 覆盖次数

按以下原则对覆盖次数进行分析：

（1）应能获得良好信噪比。

（2）应满足炮检距唯一性原则。

3.3.2.5.7 观测系统

应进行以下分析：

（1）方位角分布分析。

（2）炮检距分析。

（3）覆盖次数分析。

（4）偏移距分布分析。

3.3.2.5.8　偏移孔径

为使倾斜地层和断点在偏移后能正确归位，应使用以下式计算出四个方向偏移孔径大小：

（1）倾斜地层在偏移后正确归位的归位距离的计算见式（3.19），即

$$L=H\times\tan\alpha \tag{3.19}$$

式中　L——绕射能量归位的距离，即偏移孔径，m；

H——最深目的层深度，m；

α——地层边界最大倾角，（°）。

（2）收集断点绕射 30°射线范围能正确归位，要求偏移孔径的计算见式（3.20），即

$$L=H\times\tan 30^{\circ} \tag{3.20}$$

偏移孔径选式（3.19）、式（3.20）中的较大者，宜采用二维模型确定偏移孔径。

3.3.2.5.9　时间采样率

根据地震勘探精度要求，并有效防止假频出现来确定时间采样率，计算见式（3.21），即

$$\Delta t=1/(2f_{\mathrm{N}}) \tag{3.21}$$

式中　Δt——采样间隔，ms；

f_{N}——奈奎斯特（Nyquist）频率，Hz。

为了防止假频，通常要求时间采样率 Δt 的计算见式（3.22），即

$$\Delta t\leqslant T/2 \tag{3.22}$$

式中　Δt——采样间隔，ms；

T——有效反射信号视周期，ms。

地震记录系统采用的滤波器的高切频率通常取奈奎斯特（Nyquist）频率的 1/2～3/4。

3.3.2.5.10　空间采样率（线间距与道间距）

应综合以下两方面确定工区最佳线间距与道间距：

（1）空间采样（Δx）。

为防止空间假频，空间采样应满足式（3.23），即

$$\Delta x\leqslant v/(2f\sin\alpha_x) \tag{3.23}$$

式中　Δx——线间距，m；

v——层速度，m/s；

f——目的层主频，Hz；

α_x——横向地层倾角，（°）。

（2）横向分辨率要求（Δy）。

横向分辨率应满足式（3.24），即

$$\Delta y \leqslant v/(2f\sin\alpha_y) \tag{3.24}$$

式中 Δy——道间距，m；

v——层速度，m/s；

f——目的层主频，Hz；

α_y——纵向地层倾角，(°)。

3.3.2.5.11 记录长度

记录长度 T 按式（3.25）计算，即

$$T \geqslant T_0/\cos 30° \tag{3.25}$$

式中 T_0——最深有效反射层双层反射时间，s。

3.3.2.5.12 震源选型

根据工区水深对震源进行选型，包括悬挂式或拖曳式空气枪、炸药震源等。

3.3.2.5.13 震源子波分析

子波模拟应提供以下图件及参数：

（1）阵列组合图。

（2）子波形态图。

（3）子波频谱图。

（4）子波穿过地球物理模型后的频谱图。

（5）震源能量、震源深度等参数。

（6）根据海底深度及鬼波滤波特性，选择合适的震源沉放深度。

3.3.2.5.14 工区及测线编号

（1）接收线编号。

如 YYPPPRHHHXXX。其中“YY”为年号；“PPP”为工区；“R”为接收线符号；“HHH”为接收线号；“XXX”为接收点号。

（2）炮线编号。

如 YYPPPSFFFGGG。其中“YY”为年号；“PPP”为工区；“S”为炮线符号；“FFF”为炮线号；“GGG”为炮点号。

3.3.2.5.15 模型正演分析

（1）建模：根据已知井资料、地质认识和地球物理参数，建立地震模型。

（2）模拟子波频率：根据地震模型，模拟子波穿过各主、次目的层后的频率响应。

（3）模拟偏移归位：模拟边界处断点及地层的偏移归位、绕射情况。

（4）地质模型“照明”分析：根据已有地震资料，建立地质地震模型，进行地质模型的“照明”分析。

（5）合理性分析：应根据以上模拟结果，分析采集参数的合理性。

3.3.2.6 作业工作量及周期估算

3.3.2.6.1 工作量估算

工作量为覆盖次数不小于一次的有资料面积。

3.3.2.6.2 作业周期估算

根据工作量、海况、气候及渔业活动情况，列出施工计划及作业周期。

3.3.2.7 附表、附图

设计书应提供（包括但不限于）以下附表、附图：

（1）采集作业参数表。

（2）工区区域位置图。

（3）工区主要目的层构造图。

（4）过构造高点的地震剖面。

（5）震源阵列组合图。

（6）震源子波频谱图。

（7）震源子波形态图。

（8）子波穿过地层后的子波频谱图。

（9）观测系统图。

（10）方位角玫瑰图。

（11）炮检距分布图。

（12）覆盖次数图。

（13）地震施工设计图。

3.3.2.8 三维地震资料采集设计书格式

（1）文本规格：海底三维地震资料采集设计书的文本一律采用 A4 纸规格。

（2）封面及首页格式如附图 A.3 所示。

4
海上物探作业有关规定

4.1 海上物探作业有关术语、定义和缩略语

4.1.1 术语、定义

B

（1）标准偏差。

一种量度数据分布的分散程度之标准，用以衡量数据值偏离算术平均值的程度。

（2）不正常道。

凡属于下列情况之一者，均为不正常道：

① 不工作道或断续工作道。

② 怪跳道噪声大于 1.0Pa（10μbar）。

③ 极性反转道。

④ 漏电或绝缘电阻小于 1.0MΩ。

⑤ 平均振幅与相邻道比较，其下降幅度超过 6dB。

C

（1）CMP 间距。

两个相邻共中心点之间的距离。

（2）CMP 面元尺寸。

由主测线方向和联络线方向上相邻共中心点围成的面积称为 CMP 面元尺寸。

（3）采集脚印。

由于野外采集方法或采集环境引起的、处理中难以消除的振幅异常叫作采集脚印。在地震剖面上可能会产生构造假象或按一定规律分布的噪声。

（4）残差（$C-O$）。

计算值 C 与观测值 O 之差。

（5）初至波二次定位。

利用地震记录初至时间计算检波器在海底实际坐标的定位方法，称为初至波二次定位。

（6）重采样。

将原始数据重新进行离散采样。

（7）测斜仪（Orientation Sensor）。

对节点的姿态进行监控并记录节点方位信息的装置。

D

（1）道间距。

两个相邻接收点之间的距离。

（2）定位设备偏置。

定位设备相对于参考点的三维坐标。

（3）单位权方差。

残差加权平方和除以冗余观测值数量。

（4）多波束测深系统。

利用多个波束声波探测海底深度，经计算机运算得到航迹两旁带状区海底深度的系统。

（5）道编辑。

将废炮、废道及尖脉冲干扰等非期望波动能量充零或舍弃。

E

二次定位。

海上地震资料采集时，由于受水深、海流、潮汐等因素的影响，检波器沉放到海底的实际位置与设计点位有一定的偏差，为获得检波器的实际坐标，所进行的定位工作。

F

（1）峰—峰值。

在一个规定的频带内，第一个压力正脉冲与第一个压力负脉冲之间的差值。

（2）覆盖次数。

一个共中心点上重复观测的次数，称为覆盖次数。三维覆盖次数可分解为纵向覆盖次数和横向覆盖次数。

$$\text{总覆盖次数} = \text{纵向覆盖次数} \times \text{横向覆盖次数}$$

$$\text{纵向覆盖次数} = N/2d$$

其中 N 为单条排列线接收道数、d 为炮线距与道间距之比。

横向覆盖次数：一般横向覆盖次数为接收线数的 1/2，一些设计中横向覆盖次数与接收线数相等。横向覆盖次数通常可以使用式（4.1）计算，即

$$\text{横向覆盖次数} = N_r \times N_s/2d \tag{4.1}$$

式中　N_r——接收线数；

N_s——一排炮炮点数；

d——相邻束线横向滚动距离相当于炮点距数。

（3）覆盖次数渐减带。

覆盖次数从满覆盖降低到一次覆盖的面积。

G

（1）观测系统。

描述地震波的激发点和接收点的相互位置关系。

（2）共中心点道集。

炮点和检波点的中心点在同一位置的地震道的集合。

（3）共炮点道集。

具有同一炮点位置的地震道的集合。

（4）共接收点道集。

具有同一接收点位置的地震道的集合。

（5）共炮检距道集。

具有相同炮检距的地震道的集合。

H

（1）核查。

验证系统精度、确定系统可信度的全部工作。

（2）横向方向（Crossline 方向）。

与接收线垂直的方向。

（3）横纵比。

三维排列片的横向宽度与纵向长度之比。

（4）海底取样。

指通过一套专用的收放绞车与支撑系统将取样器或取样设备下放到海底，取样器依靠其自重或配重贯入海底，以获取海底浅表层沉积物柱状或块状样品。

（5）海底电缆。

用于海上地震勘探的地震数据采集记录系统，由水下采集检波器、传输电缆、数字包和船载记录系统等组成，施工时将水下设备布设在海底，完成地震数据的采集记录。

（6）海底节点。

独立工作模式的记录单元，在海底进行地震资料采集和存储的记录仪器。

J

（1）校准。

确定设备示值误差的全部工作。

（2）接收线。

检波器以规则的间隔布设成一条线称为接收线。

（3）接收线距。

相邻两条接收线之间的距离称为接收线距。

（4）解编。

将野外记录转换成以道序形式和处理系统内部格式表示的数据形式。

（5）计算式（三维拖缆）。

① 覆盖次数 = 总道数 /（2× 炮间距 / 道间距）。

② 源间距 S=2 线间距 ΔY×（震源数 S_n−1）。

③ 电缆间距 R_w=2 线间距 ΔY× 震源数 S_n×（电缆数 R_n−1）。

④ CDP 线数 $L_n=S_n\times R_n$。

K

（1）空炮、废炮。

凡属于下列情况之一者，为空炮、废炮：

① 未记录有效数据。

② 未记录爆炸信号。

③ 任何枪自激。

④ 震源同步误差大于 1.0ms。

⑤ 磁带盘号或测线号与班报不符且无法查证。

⑥ 有感应的记录。

⑦ 无定位资料或定位资料不合格。

（2）勘探要求面积。

满足地质要求、充分偏移成像的面积。

（3）块状观测系统。

任意一个炮点的排列片将与所有的有效检波点有关，它通常是由若干平行的接收线形成的矩形。排列片沿采集区块移动，占据不同片区的位置。

L

陆基差分参考台。

通过无线电设备传送 GNSS 差分数据的陆地台站。该台站一般建在靠近海上工区的岸边，因此也称为岸台。差分数据是通过接收台站参考点的 GNSS 卫星数据并处理出来，然后通过陆地无线电设备发送给用户。主要用于近海石油勘探开发作业。

M

满覆盖面积。

满足设计叠加次数的面积。

P

（1）片状观测系统。

由炮检点构成的面积观测区域，区域内每一个炮点激发时所有检波点都同时接收。

（2）炮点距。

指同一炮线上两个炮点之间的距离。

（3）炮线距。

两条相邻炮线之间的距离。

（4）旁侧扫描声呐。

利用回声测深原理探测海底地貌和水下物体的设备。

Q

（1）浅、中和较深地层剖面调查。

① 浅地层剖面调查应获得海底以下 25m 深度内的地层剖面资料。

② 中地层剖面调查应获得海底以下 100m 深度内的地层剖面资料。

③ 较深地层剖面调查应获得海底以下 300m 深度内的地层剖面资料。

（2）前绘。

前绘是指施工前根据测线网原点和勘探部署工作量表对整个工区进行测线计算。即按要求计算设计测线上的一定间隔的导航点大地坐标和平面坐标。依地震勘探采集方式不同，前绘可分为单源单缆、多源多缆和海底地震三种类型。

（3）潜器。

深拖、ROV 和 AUV 三种搭载工具的统称。

（4）气泡比。

在一个规定的频带内，第一个压力脉冲的振幅与第一个气泡脉冲的振幅之比。

S

（1）水陆过渡带。

包括湖泊区、沼泽区、大型水库、滩涂、水产养殖区、河流、盐场、潮间带（海岸线至枯潮线）、极浅海（枯潮线至 5m 水深线）等水陆交互或过渡的地带。

（2）声波二次定位。

利用声波测距原理获得检波器在海底实际坐标的定位方法，称为声波二次定位。

（3）深拖调查。

将一种或几种海洋调查仪器进行组合安装在一条深水拖体上，通过将拖体沉放到预定深度来减少水体对仪器探测效果影响的一种深水工程物探方法。

（4）施工面积。

满覆盖面积 + 覆盖次数渐减带面积。

（5）束状观测系统。

震源线和接收线平行。当震源在一条线上激发时，检波器沿着平行的接收线记录，在震源线接收线对之间一半距离处得到线束。

（6）四分量检波器（Four-Component Receiver）。

由一个水检（压电检波器，用 *H* 来表示水检分量）和三个相互垂直的陆地检波器（用 *X* 表示水平分量，*Y* 表示垂直于 *X* 分量的水平分量，*Z* 表示垂直于 *XY* 的分量）组成的检波器组。

（7）三分量旋转（Rotation of Three-Component）。

对接收到的 X、Y、Z 分量数据按照直角坐标系进行坐标旋转，并计算出旋转后所对应的新坐标系下的各分量对应值的计算过程。

X

（1）信噪比。

信号的能量与噪声能量的比值。

（2）相干枪。

由同种类型、间距小于 2 倍气泡半径的两只或多只气枪组成的一个单元。

（3）星基差分参考台。

通过通信卫星设备远距离传送 GNSS 差分数据的陆地台站。该类台站可分布在全球各地，差分数据是通过接收台站参考点的 GNSS 卫星数据并处理出来，然后传送到控制中心；控制中心接收来自各全球各地台站的差分数据，经过处理组合后，再通过卫星通信线路发送给用户。广泛应用于各种类型的定位测量作业，包括陆地和海上石油勘探开发作业。

（4）相对全球定位系统。

提供两个全球定位系统（GNSS）接收机天线位置之间相对距离和方位的定位系统。

（5）先验标准偏差。

作业前根据设备性能和已掌握情况估计的观测值精度。

Y

（1）羽角。

电缆首尾连线与设计测线方位的夹角。

（2）仪器接收道数。

一个点激发时，仪器同时记录的道数。

（3）移动台。

安装在作业船上的差分 GNSS 用户端，作业船可以是钻井平台、勘探船、驳船、拖轮和工程船等。

（4）有效定位尾标。

RGNSS 与声学同时正常工作的电缆尾标。

（5）有效定位前标。

RGNSS 正常工作的电缆前标，满覆盖面积 + 覆盖次数渐减带面积。

（6）一次定位。

地震检波器被投放入水时所在水面的位置。

（7）有资料面积。

满覆盖面积 + 覆盖次数渐减带面积。

Z

（1）灾害性地质特征。

指对钻井船和平台就位、钻井作业、海底管道铺设安装和维护具有潜在危害的各种不良的海底及海底以下的地质因素和特征。

（2）纵线方向（Inline 方向）。

与接收线平行的方向。

（3）组合枪。

根据不同工作容积的气枪具有不同气泡周期的特点，将选定工作容积的气枪按照优选的位置布置，使各枪输出的主脉冲相加，气泡脉冲互相抑制，提高气泡比，组合后输出子波及频谱特性良好的组合为组合枪。

（4）子区。

相邻两条接收线和相邻两条震源线相交构成的区域。

（5）最小炮检距。

激发点到最近接收点之间的距离。

（6）最大炮检距。

激发点到最远接收点之间的距离。

（7）最大最小炮检距。

在一个子区内，不同 CMP 面元的最小炮检距是不同的，其中最大的最小炮检距称为最大最小炮检距。

（8）震源有效定位子阵。

RGNSS 与声学同时正常工作的震源子阵。

（9）震源线（或炮点线）。

按一定的、规律的间隔选取炮点的一条线称为震源线。

（10）障碍区。

在工区内影响正常地震部署或者施工的油田设施、沉船、暗礁、浅水区、养殖区和敏感区等区域。

4.1.2 缩略语

AVO　Amplitude Variation with Offset 的缩写，表示振幅与炮检距关系。

AUV　Autonomous Underwater Vehicle 的缩写，表示自主航行水下机器人。

CMP　Common Mid-point 的缩写，表示共中心点。

CDP　Common Depth Point 的缩写，表示共深度点。

CPT　Cone Penetration Test 的缩写，表示静力触探试验，是一种原位测试方法，指通过一套机械或液压装置将一定规格尺寸的圆锥形探头用静力以恒定的速率压入土层中，同时用传感器直接测量探头贯入时的锥头阻力、侧摩阻力和孔隙水压力等参数，以此获得试验数据。

DSU　Digital Sensor Unit 的缩写，表示陆检及陆检采集电路。

DMO　Dip Move-out 的缩写，表示倾角时差校正。

DAS　Decon After Stack 的缩写，表示叠后反褶积。

DGNSS　Differential Global Navigation Satellite System 的缩写，表示差分全球卫星导航系统。

DOP　Dilution of Precision 的缩写，表示卫星几何精度因子。

FDU　Field Digitizing Unit 的缩写，表示水检及水检采集电路。

HDOP　Horizontal Dilution of Precision 的缩写，表示平面坐标几何精度因子。

LMO　Linear Move-out 的缩写，表示线性动校正。

NMO　Normal Move-out 的缩写，表示正常时差校正。

OBN　Ocean Bottom Node 的缩写，表示海底节点

PDOP　Positional Dilution of Precision 的缩写，表示三维坐标几何精度因子。

RGNSS　Relative Global Navigation Satellite System 的缩写，表示相对全球卫星导航系统。

RMS　Root Mean Square 的缩写，表示均方根。

ROV　Remotely Operated Vehicle 的缩写，表示遥控水下机器人。

SPT　Standard Penetration Test 的缩写，表示标准贯入试验，是一种原位测试方法，指在钻孔中通过质量为 63.5kg 的锤，以 76cm 的高度自由下落，将一定规格尺寸的标准贯入器打入土中，根据贯入器贯入一定深度得到的锤击数来判定土层的性质。

USBL　Ultra Short Base-line 的缩写，表示超短基线。

UKOOA　United Kingdom Offshore Operators Association 的缩写，表示英国海上工作人员联合会准则。UKOOA P1/90 和 UKOOA P2/94 是用来记录海上定位测量原始数据的标准格式。

4.2 海上地震采集定位辅助设备校准要求

4.2.1 电罗经校准

4.2.1.1 校准流程

（1）启动、运行电罗经，电罗经的纬度参数设置为船舶停靠点的纬度，速度参数设置为 0。

（2）电罗经至少运转 12h，船体靠在码头稳定 2h 后，开始校准。

（3）在船头和船尾中点、基线后视点各放置一个激光棱镜。

（4）按 SY/T 5171—2020《陆上石油物探测量规范》的要求在基线测站安置全站仪。

（5）按 SY/T 5171—2020《陆上石油物探测量规范》的要求操作全站仪，对准后视点，基线方位置 0。

（6）测量测站至船头、船尾棱镜的水平距离和方位，同步记录电罗经读数。

（7）重复步骤（6），至少完成 15 次测量。

（8）全站仪对准后视点，检查基线方位归零差。

（9）船舶调头停靠，稳定至少 2h。

（10）重复步骤（6）～（8），完成测量。

（11）将全站仪的测量值转换为船艏向，与电罗经读数一起导出该次测量的电罗经校准值，同一方向所有校准值的算术平均值作为该方向的电罗经校准值。

4.2.1.2 技术要求

（1）在电罗经校准期间，应保证船体平稳。

（2）两控制点构成的基线方位（起始方位）精度不低于 0.05°。

（3）在校准过程中，移动电罗经陀螺头或改变参数，该次校准无效。

（4）任意方向所有校准值的标准偏差小于 0.2°且两个方向校准值之差的绝对值不大于 0.5°，电罗经视为合格。

（5）电罗经校准值为两个方向校准值的算术平均值。

（6）校准结果有效期为六个月。

4.2.1.3 校准报告

电罗经校准完成后，提交校准报告。包括但不限于以下内容：

（1）校准时间、使用的设备和参加人员。

（2）校准方法描述和工作细节。

（3）控制点坐标及示意图。

（4）原始数据的记录格式参见附表 B.10。

（5）校准结果。

4.2.1.4 太阳观测法校准电罗经

用时间角测太阳方位来校准罗经。

4.2.1.4.1 要求

（1）在太阳升起和太阳落下时各观测一次，观测仰角最好在 30°～60°。

（2）必须得到观测点的经纬度坐标和时间。

（3）对中整平观测仪器（测距仪或全站仪），设置好参考目标（R.O.）作为后视并置零，参考目标（R.O.）必须和观测点位置在船的中心轴线上或平行于船的中心轴线。

（4）水平夹角必须是盘左（Face Left）和盘右（Face Right）的平均值。

（5）画一张草图标明 R.O. 方向，真北向，太阳方向。

4.2.1.4.2 观测过程

观测前和观测后都要检查时间是否与 GNSS 时间一致。

（1）设置 R.O. 的角度为 0° 0′ 0″。参考目标（R.O.）与观测点的距离最好大于 50m。

（2）设置仪器目镜中的十字交叉线在太阳上升前面一点。

（3）当观测到太阳上升到与十字交叉线相切时，准确记录下时间且精确到秒，如图 4.1 所示。

（4）记录全站仪观测到的水平角度。

（5）重复观察步骤（1）～（4），记录 20 组观测水平角度。

（6）归零检验若超限，重复此过程。归零值应小于 30″。

图 4.1 观测示意图

4.2.1.5 RTK 观测法校准电罗经

4.2.1.5.1 方法

在码头架设一个临时 RTK 基准站，将两台 RTK 移动站架设在船的中心线或中心线的平行线上船头和船尾位置，同步采集两移动站天线的位置和各台罗经的读数，利用两移动站天线的位置计算船的艏向与采集的罗经读数比较即得到罗经 *C*−*O* 值。

4.2.1.5.2 要求

（1）要求不少于 10s 观测一组数据，至少观测 15 组数据，*C*−*O* 平均值的标准偏差要求小于 0.2°。

（2）要求船掉头，进行左右两面的校准数据采集，左右两面 *C*−*O* 之差的绝对值不大于 0.5°，电罗经视为合格。

4.2.2 DGNSS 静态核查

4.2.2.1 核查流程

（1）把 DGNSS 系统天线放置在已知点上。

（2）运行 DGNSS 系统，正确设置 DGNSS 系统在该区域的参数。

（3）记录 DGNSS 系统读数至少 10min，记录间隔不超过 10s。

（4）使用式（4.2）计算 DGNSS 系统单次观测径向误差，所有单次观测径向误差的算术平均值作为 DGNSS 精度，即

$$\Delta r_i = \left[\left(E_0 - E_i\right)^2 + \left(N_0 - N_i\right)^2\right]^{1/2} \tag{4.2}$$

式中 Δr_i——第 *i* 次观测径向误差，m；

E_0——已知点东坐标，m；

N_0——已知点北坐标，m；

E_i——第 *i* 次观测东坐标，m；

N_i——第 *i* 次观测北坐标，m。

4.2.2.2　技术要求

（1）宜采用与勘探工区相同的坐标系统和投影参数。

（2）已知点位置精度不低于 0.1m。

（3）选择与施工工区相同的差分台。

（4）在核查过程中不能改变参数。

（5）所有单次观测径向误差的标准偏差小于 1m 且 DGNSS 精度不超过 2m，DGNSS 系统视为合格。

（6）核查结果有效期为六个月。

（7）工区更换后，与 DGNSS 静态核查所使用的差分台不一致时，应重新核查。

4.2.2.3　核查报告

DGNSS 静态核查完成后，应提交核查报告。包括但不仅限于以下内容：

（1）静态核查时间、使用的设备和参加人员。

（2）静态核查方法描述和工作细节。

（3）已知点坐标及示意图。

（4）原始数据。

（5）核查结果。

4.2.3　RGNSS 静态核查

4.2.3.1　核查流程

（1）把 RGNSS 系统天线和待核查的 RGNSS 定位标分别放置在基线两端的不同已知点上。

（2）运行 RGNSS 系统，正确设置 RGNSS 系统在该区域的参数。

（3）记录 RGNSS 系统读数至少 10min，记录间隔不超过 10s。

（4）使用式（4.3）计算 RGNSS 定位标单次观测的位置，计算时应考虑该位置的子午线收敛角，即

$$\begin{bmatrix} N_i \\ E_i \end{bmatrix} = \begin{bmatrix} N_a \\ E_a \end{bmatrix} + R_i \begin{bmatrix} \cos\beta_i \\ \sin\beta_i \end{bmatrix} \tag{4.3}$$

式中　N_i——RGNSS 定位标第 i 次观测北坐标，m；

E_i——RGNSS 定位标第 i 次观测东坐标，m；

R_i——RGNSS 定位标第 i 次观测归算水平距离，m；

β_i——RGNSS 定位标第 i 次观测方位，（°）；

N_a——RGNSS 系统天线位置北坐标，m；

E_a——RGNSS 系统天线位置东坐标，m。

（5）使用式（4.4）计算 RGNSS 定位标的单次观测径向误差，所有单次观测径向误差的算术平均值作为该 RGNSS 定位标的系统误差，即

$$\Delta r_i=\sqrt{\left(E_{\mathrm{b}}-E_i\right)^2+\left(N_{\mathrm{b}}-N_i\right)^2} \tag{4.4}$$

式中 Δr_i——第 i 次观测径向误差，m；
E_{b}——RGNSS 定位标所在已知点东坐标，m；
N_{b}——RGNSS 定位标所在已知点北坐标，m；
E_i——第 i 次观测东坐标，m；
N_i——第 i 次观测北坐标，m。

4.2.3.2 技术要求

（1）宜采用与勘探工区相同的坐标系统和投影参数。

（2）基线长度宜大于 100m，距离精度不低于 0.2m，方位精度不低于 0.05°。

（3）在核查过程中不能改变参数。

（4）所有单次观测径向误差的标准偏差小于 1m 且 RGNSS 定位标的系统误差不超过 2m，该 RGNSS 定位标视为合格。

（5）核查结果有效期为六个月。

4.2.3.3 核查报告

RGNSS 静态核查完成后，提交核查报告。包括但不限于以下内容：

（1）静态核查时间、使用的设备和参加人员。

（2）静态核查方法描述和工作细节。

（3）已知点坐标及示意图。

（4）原始数据。

（5）核查结果。

4.2.4 测深仪校准

4.2.4.1 校准流程

（1）启动运行测深仪，输入测深仪探头深度和水声速度。

（2）在测深仪探头附近的两舷，用铅垂线检测水深，记录读数。

（3）在船头和船尾用铅垂线检测水深，记录读数。

（4）重复（2）～（3）项。

（5）计算以上八次测深仪读数的算术平均值，作为探头处的测量水深。

（6）计算以上八次铅垂线读数的算术平均值，作为探头处的实际水深。

（7）实际水深与测量水深之间的差值，为测深仪的误差。

4.2.4.2 技术要求

（1）船底距海底深度宜大于 2m。

（2）应选择平流时间对测深仪进行校准，并在一个平流期间内完成。

（3）应求准探头的深度和水声速度。

（4）校准期间应保证船体平稳，并考虑海底杂物、斜度的影响。

（5）在校准过程中，不能改变参数。

（6）校准结果有效期为六个月。

4.2.4.3 校准报告

测深仪校准完成后，应提交校准报告。包括但不限于以下内容：

（1）校准时间、使用的设备和参加人员。

（2）校准方法描述和工作细节。

（3）铅垂线点与探头位置关系示意图。

（4）原始数据，记录格式参见本手册附表 B.11。

（5）校准结果。

4.2.5 深度控制器核查

4.2.5.1 核查流程

（1）启动空气压缩机，提供压力大于 420kPa。

（2）在自然大气压下［受力为一个标准大气压（1atm=101.325kPa）］，记录深度传感器读数，并计算误差。

（3）调节压力阀，得到以采集参数要求的深度为中心、步长 2m、上中下三点所对应的压力（深度与压力的换算关系见表 4.1），待压力稳定后记录深度传感器读数，并计算误差。

（4）调节压力阀，恢复到 4.2.5.1（2）的状态，待压力稳定后记录深度传感器读数，并计算误差。

4.2.5.2 技术要求

（1）应使用具有合格验证的低压压力表，精度不低于 0.5kPa，宜采用数字压力表。

（2）深度传感器部件更换应重新核查。

（3）在核查过程中，不能改变参数。

（4）每次读数的绝对误差小于 0.5m，且相互之间差值的绝对值不大于 0.3m，深度传感器视为合格。

（5）取海水密度平均值为 1025kg/m^3，压力与深度的关系见表 4.1。

4.2.5.3 核查报告

深度传感器核查完成后，应提交核查报告。包括但不限于以下内容：

（1）核查时间、使用的设备和参加人员。

（2）核查方法描述和工作细节。

（3）原始数据，记录格式参见本手册附表 B.12。

（4）核查结果。

表 4.1 深度传感器读数与外部压力的关系

传感器读数 / m	外部压力 / kPa	传感器读数 / m	外部压力 / kPa	传感器读数 / m	外部压力 / kPa
1	10.045	11	110.495	21	210.945
2	20.090	12	120.540	22	220.990
3	30.135	13	130.585	23	231.035
4	40.180	14	140.630	24	241.080
5	50.225	15	150.675	25	251.125
6	60.270	16	160.720	26	261.170
7	70.315	17	170.765	27	271.215
8	80.360	18	180.810	28	281.260
9	90.405	19	190.855	29	291.305
10	100.450	20	200.900	30	301.350

4.2.6 海水声速仪核查

海水声速仪核查方法按 HY/T 101—2007《海水声速仪检测方法》执行。

4.3 地震仪器校检要求

4.3.1 SEAL 型仪器校验项目及标准

4.3.1.1 测试信号

SEAL 地震数据采集系统日检和月检测试所使用的测试信号见表 4.2。

表 4.2 SEAL 地震数据采集系统测试信号

测试项目			测试信号
谐波畸变	前放 0dB		正弦波，频率 31.25Hz，振幅 1552mV
	前放 12dB		正弦波，频率 31.25Hz，振幅 388mV
增益精度	前放 0dB	采样率 0.25ms	脉冲信号，宽度 39ms，幅度 1214mV
		采样率 0.5ms	脉冲信号，宽度 39ms，幅度 1214mV
		采样率 1ms	脉冲信号，宽度 38ms，幅度 1214mV
		采样率 2ms	脉冲信号，宽度 36ms，幅度 1214mV
		采样率 4ms	脉冲信号，宽度 40ms，幅度 1214mV

续表

测试项目			测试信号
增益精度	前放12dB	采样率 0.25ms	脉冲信号，宽度 39ms，幅度 353.5mV
		采样率 0.5ms	脉冲信号，宽度 39ms，幅度 353.5mV
		采样率 1ms	脉冲信号，宽度 38ms，幅度 353.5mV
		采样率 2ms	脉冲信号，宽度 36ms，幅度 353.5mV
		采样率 4ms	脉冲信号，宽度 40ms，幅度 353.5mV
相位漂移	前放0dB	采样率 0.25ms	脉冲信号，宽度 39ms，幅度 1214mV
		采样率 0.5ms	脉冲信号，宽度 39ms，幅度 1214mV
		采样率 1ms	脉冲信号，宽度 38ms，幅度 1214mV
		采样率 2ms	脉冲信号，宽度 36ms，幅度 1214mV
		采样率 4ms	脉冲信号，宽度 40ms，幅度 1214mV
	前放12dB	采样率 0.25ms	脉冲信号，宽度 39ms，幅度 353.5mV
		采样率 0.5ms	脉冲信号，宽度 39ms，幅度 353.5mV
		采样率 1ms	脉冲信号，宽度 38ms，幅度 353.5mV
		采样率 2ms	脉冲信号，宽度 36ms，幅度 353.5mV
		采样率 4ms	脉冲信号，宽度 40ms，幅度 353.5mV
串音	前放 0dB		正弦波，频率 31.25Hz，振幅 1252mV
	前放 12dB		正弦波，频率 31.25Hz，振幅 388mV
共模抑制比			正弦波，频率 31.25Hz，振幅 1258.8mV
检波器漏电			正弦波，频率 7.8125Hz，振幅 395.9mV
检波器电容值			正弦波，频率 1000Hz，振幅 1258.5mV
检波器截止滤波			脉冲信号，宽度 1ms，幅度 530.3mV

4.3.1.2 测试指标

SEAL 地震数据采集系统日检和月检测试指标见表 4.3。

表 4.3 SEAL 地震数据采集系统测试指标

测试项目	技术指标				
	0.25ms	0.5ms	1ms	2ms	4ms
谐波畸变 /dB	<−100	<−100	<−100	<−100	<−100
增益精度 /%	<3.0	<1.5	<1.0	<1.0	<1.0

续表

测试项目	技术指标				
	0.25ms	0.5ms	1ms	2ms	4ms
相位 /μs	＜30	＜25	＜20	＜20	＜20
串音 /dB	＞100	＞100	＞100	＞100	＞100
共模抑制比 /dB	＞100	＞100	＞100	＞100	＞100
系统脉冲响应 /μs	± 20	± 20	± 20	± 20	± 20
系统噪声 /μV 前放 0dB	＜16.0	＜3.2	＜2.26	＜1.6	＜1.13
系统噪声 /μV 前放 12dB	＜4.0	＜0.8	＜0.56	＜0.4	＜0.28
检波器漏电 /MΩ	＞5	＞5	＞5	＞5	＞5
检波器电容值 /nF	256 ± 76.8	256 ± 76.8	256 ± 76.8	256 ± 76.8	256 ± 76.8
检波器噪声 /μV	2500	2500	2500	2500	2500
检波器截止滤波 /Hz	1.5～5.4	1.5～5.4	1.5～5.4	1.5～5.4	1.5～5.4
检波器脉冲响应 /μs	± 20	± 20	± 20	± 20	± 20

4.3.2 SEAL428 型仪器校验项目及标准

4.3.2.1 测试信号

SEAL428 地震数据采集系统日检和月检测试所使用的测试信号见表 4.4。

表 4.4 SEAL428 地震数据采集系统日检和月检测试信号

测试类别	测试种类	检验项目	前放增益 /dB	采样率 /ms	测试信号
FDU	仪器测试	相位及增益	0	0.25	脉冲信号，宽度 39ms，幅度 1214mV
				0.5	脉冲信号，宽度 39ms，幅度 1214mV
				1	脉冲信号，宽度 38ms，幅度 1214mV
				2	脉冲信号，宽度 36ms，幅度 1214mV
				4	脉冲信号，宽度 40ms，幅度 1214mV
			12	0.25	脉冲信号，宽度 39ms，幅度 353.5mV
				0.5	脉冲信号，宽度 39ms，幅度 353.5mV
				1	脉冲信号，宽度 38ms，幅度 353.5mV
				2	脉冲信号，宽度 36ms，幅度 353.5mV
				4	脉冲信号，宽度 40ms，幅度 353.5mV

续表

测试类别	测试种类	检验项目	前放增益 / dB	采样率 / ms	测试信号
FDU	仪器测试	串音	0		正弦波，频率 31.25Hz，振幅 1552mV
			12		正弦波，频率 31.25Hz，振幅 388mV
		共模抑制比	0		正弦波，频率 31.25Hz，振幅 1258.8mV
			12		正弦波，频率 31.25Hz，振幅 1258.8mV
		谐波畸变	0		正弦波，频率 31.25Hz，振幅 1552mV
			12		正弦波，频率 31.25Hz，振幅 388mV
	检波器测试	容值	0	0.25	正弦波，频率 1000Hz，振幅 1258.5mV
		漏电	0		正弦波，频率 7.8125Hz，振幅 395.9mV
			12		正弦波，频率 7.8125Hz，振幅 395.9mV
		截止频率	0	0.25	脉冲信号，宽度 1ms，幅度 530.3mV

4.3.2.2 测试指标

SEAL428 地震数据采集系统日检和月检测试指标见表 4.5。

表 4.5 SEAL428 地震数据采集系统日检和月检测试指标

测试项目		不同采样率的测试指标				
		0.25ms	0.5ms	1ms	2ms	4ms
谐波畸变 /dB		<−100	<−100	<−100	<−100	<−100
共模抑制比 /dB		>100	>100	>100	>100	>100
增益精度 /%		<3.0	<1.5	<1.0	<1.0	<1.0
相位漂移 /μs		<30	<25	<20	<20	<20
串音 /dB		>100	>100	>100	>100	>100
系统噪声 /μV	前放 0dB	<16.0	<3.2	<2.26	<1.6	<1.13
	前放 12dB	<4.0	<0.8	<0.56	<0.4	<0.28
系统脉冲响应 /μs		± 20	± 20	± 20	± 20	± 20
检波器漏电 /MΩ		≥2	≥2	≥2	≥2	≥2
检波器噪声 /μV		2500	2500	2500	2500	2500
检波器截止频率 /Hz		（1 ± 30%）F_T	（1 ± 30%）F_T	（1 ± 30%）F_T	（1 ± 30%）F_T	（1 ± 30%）F_T
检波器电容值 /nF		（1 ± 20%）C_T	（1 ± 20%）C_T	（1 ± 20%）C_T	（1 ± 20%）C_T	（1 ± 20%）C_T

注：F_T—海水温度为 T 时道截止频率，Hz；

C_T—海水温度为 T 时道电容值，nF。

4.3.3 海亮仪器校验项目及标准

4.3.3.1 测试信号

海亮地震数据采集系统日检和月检测试所使用的测试信号见表 4.6。

表 4.6 海亮地震数据采集系统测试信号

测试项目			测试信号
谐波畸变	前放 0dB		正弦波，频率 31.25Hz，振幅 2360mV
	前放 12dB		正弦波，频率 31.25Hz，振幅 590mV
增益精度	前放 0dB	采样率 0.25ms	正弦波，频率 31.25Hz，振幅 2360mV
		采样率 0.5ms	正弦波，频率 31.25Hz，振幅 2360mV
		采样率 1ms	正弦波，频率 31.25Hz，振幅 2360mV
		采样率 2ms	正弦波，频率 31.25Hz，振幅 2360mV
		采样率 4ms	正弦波，频率 31.25Hz，振幅 2360mV
	前放 12dB	采样率 0.25ms	正弦波，频率 31.25Hz，振幅 590mV
		采样率 0.5ms	正弦波，频率 31.25Hz，振幅 590mV
		采样率 1ms	正弦波，频率 31.25Hz，振幅 590mV
		采样率 2ms	正弦波，频率 31.25Hz，振幅 590mV
		采样率 4ms	正弦波，频率 31.25Hz，振幅 590mV
相位漂移	前放 0dB	采样率 0.25ms	正弦波，频率 31.25Hz，振幅 2360mV
		采样率 0.5ms	正弦波，频率 31.25Hz，振幅 2360mV
		采样率 1ms	正弦波，频率 31.25Hz，振幅 2360mV
		采样率 2ms	正弦波，频率 31.25Hz，振幅 2360mV
		采样率 4ms	正弦波，频率 31.25Hz，振幅 2360mV
	前放 12dB	采样率 0.25ms	正弦波，频率 31.25Hz，振幅 590mV
		采样率 0.5ms	正弦波，频率 31.25Hz，振幅 590mV
		采样率 1ms	正弦波，频率 31.25Hz，振幅 590mV
		采样率 2ms	正弦波，频率 31.25Hz，振幅 590mV
		采样率 4ms	正弦波，频率 31.25Hz，振幅 590mV
串音	前放 0dB		正弦波，频率 31.25Hz，振幅 2360mV
	前放 12dB		正弦波，频率 31.25Hz，振幅 590mV

续表

测试项目	测试信号
共模抑制比	正弦波，频率 31.25Hz，振幅 2360mV
检波器漏电	正弦波，频率 31.25Hz/15.625Hz，振幅 2360mV
检波器电容值	正弦波，频率 31.25Hz/15.625Hz，振幅 2360mV
检波器截止滤波	正弦波，频率 31.25Hz/15.625Hz，振幅 2360mV

4.3.3.2　测试指标

海亮地震数据采集系统日检和月检测试指标见表 4.7。

表 4.7　海亮地震数据采集系统测试指标

测试项目		技术指标				
		0.25ms	0.5ms	1ms	2ms	4ms
谐波畸变 /dB		<−103	<−104	<−105	<−106	<−106
增益精度 /%		<3.0	<1.5	<1.0	<1.0	<1.0
相位精度 /μs		<30	<25	<20	<20	<20
串音 /dB		>100	>100	>100	>100	>100
共模抑制比 /dB		>100	>100	>100	>100	>100
系统脉冲响应 /μs		± 20	± 20	± 20	± 20	± 20
系统噪声（前放 0dB）/μV		<16.0	<3.2	<2.2	<1.6	<1.1
检波器电容值 /nF	3.125m	26～39	26～39	26～39	26～39	26～39
	6.25m	104～156	104～156	104～156	104～156	104～156
	12.5m	208～312	208～312	208～312	208～312	208～312
检波器截止滤波 /Hz		1.5～4.5	1.5～4.5	1.5～4.5	1.5～4.5	1.5～4.5

4.3.4　SEARAY300 型仪器校验项目及标准

4.3.4.1　测试信号

SEARAY 300 地震数据采集系统日检和月检测试信号见表 4.8。

表 4.8 SEARAY 300 地震数据采集系统测试信号

测试类别	测试种类	检验项目	前放增益	采样率	测试信号
FDU	仪器测试	谐波畸变	0dB		正弦波，频率 31.25Hz，振幅 1552mV
			12dB		正弦波，频率 31.25Hz，振幅 388mV
		增益精度及相位漂移	0dB	0.25ms	脉冲信号，宽度 39ms，幅度 1214mV
				0.5ms	脉冲信号，宽度 39ms，幅度 1214mV
				1ms	脉冲信号，宽度 38ms，幅度 1214mV
				2ms	脉冲信号，宽度 36ms，幅度 1214mV
				4ms	脉冲信号，宽度 40ms，幅度 1214mV
			12dB	0.25ms	脉冲信号，宽度 39ms，幅度 353.5mV
				0.5ms	脉冲信号，宽度 39ms，幅度 353.5mV
				1ms	脉冲信号，宽度 38ms，幅度 353.5mV
				2ms	脉冲信号，宽度 36ms，幅度 353.5mV
				4ms	脉冲信号，宽度 40ms，幅度 353.5mV
		串音	0dB		正弦波，频率 31.25Hz，振幅 1552mV
			12dB		正弦波，频率 31.25Hz，振幅 388mV
		共模抑制比	0dB		正弦波，频率 31.25Hz，振幅 1552mV
			12dB		正弦波，频率 31.25Hz，振幅 388mV
		系统噪声			N/A
	检波器测试	漏电			正弦波，频率 7.8125Hz，振幅 388mV
		电容	0dB	0.25ms	正弦波，频率 1000Hz，振幅 1552mV
			12dB	0.25ms	正弦波，频率 1000Hz，振幅 388mV
		噪声			N/A
DSU	仪器测试	谐波畸变	0dB		正弦波，频率 31.25Hz，振幅 1552mV
			12dB		正弦波，频率 31.25Hz，振幅 388mV
		增益精度及相位漂移	0dB	0.25ms	脉冲信号，宽度 39ms，幅度 1214mV
				0.5ms	脉冲信号，宽度 39ms，幅度 1214mV
				1ms	脉冲信号，宽度 38ms，幅度 1214mV
				2ms	脉冲信号，宽度 36ms，幅度 1214mV
				4ms	脉冲信号，宽度 40ms，幅度 1214mV

续表

测试类别	测试种类	检验项目	前放增益	采样率	测试信号
DSU	仪器测试	增益精度及相位漂移	12dB	0.25ms	脉冲信号，宽度 39ms，幅度 353.5mV
				0.5ms	脉冲信号，宽度 39ms，幅度 353.5mV
				1ms	脉冲信号，宽度 38ms，幅度 353.5mV
				2ms	脉冲信号，宽度 36ms，幅度 353.5mV
				4ms	脉冲信号，宽度 40ms，幅度 353.5mV
		串音	0dB	1ms	正弦波，频率 125Hz，振幅 1552mV
				2ms	正弦波，频率 125Hz，振幅 1552mV
				4ms	正弦波，频率 62.5Hz，振幅 1552mV
			12dB	1ms	正弦波，频率 125Hz，振幅 388mV
				2ms	正弦波，频率 125Hz，振幅 388mV
				4ms	正弦波，频率 62.5Hz，振幅 388mV
	检波器测试	噪声			N/A
		倾角			N/A
		重力			N/A

注：所有测试信号均为均方根信号。

4.3.4.2 测试指标

SEARAY 300 地震数据采集系统日检和月检测试指标见表 4.9。

表 4.9 SEARAY 300 地震数据采集系统测试指标

测试类别	测试种类	测试项目		测试指标				
				0.25ms	0.5ms	1ms	2ms	4ms
FDU	仪器测试	谐波畸变 /dB		<−100	<−100	<−100	<−100	<−100
		增益精度 /%		<3.0	<1.5	<1.0	<1.0	<1.0
		相位漂移 /μs		<30	<25	<20	<20	<20
		串音 /dB		>100	>100	>100	>100	>100
		共模抑制比 /dB		>100	>100	>100	>100	>100
FDU	仪器测试	系统噪声 /μV	前放 0dB	<16.0	<3.2	<2.26	<1.6	<1.13
			前放 12dB	<4.0	<0.8	<0.56	<0.4	<0.28
	检波器测试	漏电 /MΩ		≥5	≥5	≥5	≥5	≥5
		电容 /nF		(1 ± 12%) C_T	(1 ± 12%) C_T	(1 ± 12%) C_T	(1 ± 12%) C_T	(1 ± 12%) C_T

续表

测试类别	测试种类	测试项目	测试指标				
			0.25ms	0.5ms	1ms	2ms	4ms
DSU	仪器测试	谐波畸变 /dB	<−60	<−60	<−60	<−60	<−60
		增益精度 /%	<3.0	<3.0	<3.0	<3.0	<3.0
		相位漂移 /μs	<20	<20	<20	<20	<20
		串音 /dB	>80	>80	>80	>80	>80
	检波器测试	倾角	± 180°	± 180°	± 180°	± 180°	± 180°
		重力加速度 /（m/s²）	9.5157～10.1043	9.5157～10.1043	9.5157～10.1043	9.5157～10.1043	9.5157～10.1043

注：C_T=［4.8+（T−20）×0.4%］

式中　C_T——实测海水温度检波器电容值，nF；

T——实测海水温度，℃。

4.3.5　Z100 型海底节点仪器校验项目及标准

Z100 型海底节点仪器校验项目及标准见表 4.10 和表 4.11。

表 4.10　Z100 型海底节点内部噪声、总谐波畸变测试技术指标

测试参数		测试项目及指标							
采样率 / ms	前放增益 / dB	内部噪声 / mV	总谐波畸变 / dB	增益精度	内部共模抑制比 / dB	串音测试 / dB	内部脉冲	内置三分量模拟检波器直流电阻 / Ω	检波器阻抗
0.5	0	≤0.0021	≤−110	−1.0%～1.0%	≥100	≤−100	Pass	750～1500	Pass
	6	≤0.001	≤−110						
	12	≤0.0006	≤−110						
	18	≤0.00035	≤−109						
	24	≤0.00025	≤−108						
	30	≤0.00025	≤−100						
	36	≤0.00024	≤−95						
1	0	≤0.0016	≤−110	−1.0%～1.0%	≥100	≤−100	Pass	750～1500	Pass
	6	≤0.0007	≤−110						
	12	≤0.0004	≤−110						
	18	≤0.00025	≤−109						
	24	≤0.00018	≤−108						

续表

测试参数		测试项目及指标							
采样率 / ms	前放增益 / dB	内部噪声 / mV	总谐波畸变 / dB	增益精度	内部共模抑制比 / dB	串音测试 / dB	内部脉冲	内置三分量模拟检波器直流电阻 / Ω	检波器阻抗
1	30	≤0.00018	≤−100	−1.0%～1.0%	≥100	≤−100	Pass	750～1500	Pass
	36	≤0.00017	≤−95						
2	0	≤0.001	≤−110	−1.0%～1.0%	≥100	≤−100	Pass	750～1500	Pass
	6	≤0.00058	≤−110						
	12	≤0.0004	≤−110						
	18	≤0.00035	≤−109						
	24	≤0.0003	≤−108						
	30	≤0.0003	≤−100						
	36	≤0.0003	≤−95						
4	0	≤0.00075	≤−110	−1.0%～1.0%	≥100	≤−100	Pass	750～1500	Pass
	6	≤0.00038	≤−110						
	12	≤0.0002	≤−110						
	18	≤0.00013	≤−109						
	24	≤0.00009	≤−108						
	30	≤0.00009	≤−100						
	36	≤0.000085	≤−95						

表 4.11　Z100 型海底节点年检验测试项目及参数

测试项目	参数			
	采样率 /ms	前放增益 /dB	高截滤波类型	低截滤波器选项
内部噪声	0.5，1，2，4	0，6，12，18，24，30，36	线性相位	去直流偏移
内部噪声	2	0	线性相位	3Hz
总谐波畸变	0.5，1，2，4	0，6，12，18，24，30，36	线性相位	去直流偏移
增益精度	2	0，6，12，18，24，30，36	线性相位	去直流偏移
内部共模抑制比	2	0	线性相位	去直流偏移
内部脉冲测试	0.5，1，2，4	0	线性相位，最小相位	去直流偏移

续表

测试项目	参数			
	采样率 /ms	前放增益 /dB	高截滤波类型	低截滤波器选项
外部噪声	2	0	线性相位	去直流偏移
外部阶跃响应	2	0	线性相位	去直流偏移
外部共模抑制比	2	0	线性相位	去直流偏移
检波器阻抗	2	0	线性相位	去直流偏移
检波器直流电阻	2	0	线性相位	去直流偏移
四分量串音测试（*W*，*X*，*Y*，*Z*）	0.5，1，2，4	0，6，12，18，24，30，36	线性相位	去直流偏移

4.3.6 HQN500 型海底节点仪器校验项目及标准

HQN500 型海底节点仪器校验项目及标准见表 4.12 和表 4.13。

表 4.12 HQN500 型海底节点内部噪声、总谐波畸变测试技术指标

测试参数		测试项目及指标								
采样率 / ms	前放增益 / dB	内部噪声 / mV	总谐波畸变 / dB	串音测试 / dB	信噪比 / dB	增益精度	共模抑制比 / dB	水检电容 / nF	检波器直流电阻 / Ω	漏电电阻 / kΩ
	0	≤0.003	≤−100	≥110	≥110					
	6	≤0.003	≤−100	≥110	≥110					
	12	≤0.003	≤−100	≥110	≥110					
0.5	18	≤0.0035	≤−100	≥110	≥110	−1.0%～1.0%	≥100	6～15	750～1500	2000～8000
	24	≤0.0045	≤−100	≥110	≥110					
	30	≤0.008	≤−100	≥100	≥100					
	36	≤0.015	≤−95	≥100	≥100					
	0	≤0.002	≤−110	≥110	≥110					
	6	≤0.002	≤−110	≥110	≥110					
	12	≤0.002	≤−110	≥110	≥110					
1	18	≤0.0025	≤−110	≥110	≥110	−1.0%～1.0%	≥100	6～15	750～1500	2000～8000
	24	≤0.0035	≤−110	≥110	≥110					
	30	≤0.006	≤−100	≥100	≥100					
	36	≤0.0105	≤−100	≥100	≥100					

续表

测试参数		测试项目及指标									
采样率 / ms	前放增益 / dB	内部噪声 / mV	总谐波畸变 / dB	串音测试 / dB	信噪比 / dB	增益精度	共模抑制比 / dB	水检电容 / nF	检波器直流电阻 / Ω	漏电电阻 / kΩ
2	0	≤0.002	≤−110	≥110	≥110	−1.0%～1.0%	≥100	6～15	750～1500	2000～8000
	6	≤0.002	≤−110	≥110	≥110					
	12	≤0.002	≤−110	≥110	≥110					
	18	≤0.002	≤−110	≥110	≥110					
	24	≤0.0025	≤−110	≥110	≥110					
	30	≤0.004	≤−100	≥110	≥110					
	36	≤0.0075	≤−100	≥100	≥100					
4	0	≤0.002	≤−110	≥110	≥110	−1.0%～1.0%	≥100	6～15	750～1500	2000～8000
	6	≤0.002	≤−110	≥110	≥110					
	12	≤0.002	≤−110	≥110	≥110					
	18	≤0.002	≤−110	≥110	≥110					
	24	≤0.002	≤−110	≥110	≥110					
	30	≤0.003	≤−100	≥110	≥110					
	36	≤0.0055	≤−95	≥100	≥110					

表 4.13　HQN500 型海底节点年检验测试项目及参数

测试项目	参数			
	采样率 /ms	前放增益 /dB	高截滤波类型	低截滤波器选项
内部噪声	0.5，1，2，4	0，6，12，18，24，30，36	线性相位	
总谐波畸变	0.5，1，2，4	0，6，12，18，24，30，36	线性相位	
增益精度	2	0	线性相位	
共模抑制比	2	0	线性相位	
水检电容	2	0	线性相位	
漏电电阻	2	0	线性相位	
检波器直流电阻	2	0	线性相位	
串音测试	0.5，1，2，4	0，6，12，18，24，30，36	线性相位	
信噪比	0.5，1，2，4	0，6，12，18，24，30，36	线性相位	

4.3.7 408ULS 地震数据采集系统检验项目及技术指标

408ULS 地震数据采集系统检验项目及技术指标见表 4.14 至表 4.17。

表 4.14 FDU2S（G1）测试项目及技术指标

采样率 / ms	噪声（RMS）/ μV	脉冲测试		畸变 / dB	共模抑制比 / dB	串音隔离 / dB
	G1（1600mV）	增益误差 /%	相位误差 /μs			
0.25	≤16	± 3	± 30	≤−103	≥100	≥110
0.5	≤2	± 1.5	± 25			
1	≤1.4	± 1	± 20			
2	≤1					
4	≤0.7					

表 4.15 FDU2S（G2）测试项目及技术指标

采样率 / ms	噪声（RMS）/μV	脉冲测试		畸变 / dB	共模抑制比 / dB	串音隔离 / dB
	G2（400mV）	增益误差 /%	相位误差 /μs			
0.25	≤4	± 3	± 30	≤−103	≥100	≥110
0.5	≤0.5	± 1.5	± 25			
1	≤0.35	± 1	± 20			
2	≤0.25					
4	≤0.18					

表 4.16 各类陆检检波器检测技术指标

检测项目	参数					允差范围 /%
	SG10、SN7C−10、SM24	SF10、HF10	GS−32CT	CD−2	CD−4	
自然频率 /Hz	10	10	10	10	10	± 5
直流电阻 /Ω	700	790	566	790	700	± 5
灵敏度 /[V/（m/s）]	45.6	55	39.4	45.6	45.6	± 5
阻尼系数	0.680	0.680	0.7	0.7	0.7	± 10
失真	≤0.2%					
极性	+/− 判定					
绝缘电阻	≥1MΩ					

表 4.17　各类水检检波器检测技术指标

<table>
<tr><td rowspan="2">检测项目</td><td colspan="2">dBs1-10B-14、HJ-8C、P44A、HYX-10-14</td><td colspan="2">W/MP-25-250、dB-25、CD-25</td></tr>
<tr><td>中心值</td><td>允差范围</td><td>中心值</td><td>允差范围</td></tr>
<tr><td>直流电阻</td><td>145Ω</td><td>± 10%</td><td>155Ω</td><td>± 10%</td></tr>
<tr><td>灵敏度</td><td>14V/bar</td><td>± 1.5dB
（11.78～16.64V/bar）</td><td>13.25V/bar</td><td>± 1.5dB
（11.15～15.75V/bar）</td></tr>
<tr><td>极性</td><td colspan="4">+/- 判定</td></tr>
<tr><td>绝缘电阻</td><td colspan="4">⩾1MΩ</td></tr>
</table>

4.4　远场子波测试

4.4.1　远场子波测定

远场子波测定的条件和要求如下：

（1）远场子波测定一般选择在水深大于 1000m 处，水深越深越好可以避开各种干扰波影响（图 4.2）。

（2）标准检波器在震源中心处垂直下放（单枪测定检波器在该枪垂直下方，组合阵列测定检波器在震源中心点垂直下方），震源沉放深度一般 2～8m。

（3）带 500m 电缆的经标定的标准检波器在下水前，应吊有重物，以保持检波器垂直下放。

（4）数字仪记录的采样间隔应小于或等于 1ms，并且用最宽频带或纯波记录。

（5）应对单枪和常用组合阵列分别进行测试，对不同的组合阵列，测定子波的初至 / 气泡脉冲振幅比（Primary：Bubble Ratio）应不低于 10：1。

（6）为保持水下标准检波器成垂直下放状态，船应逆流或顺流匀速航行。

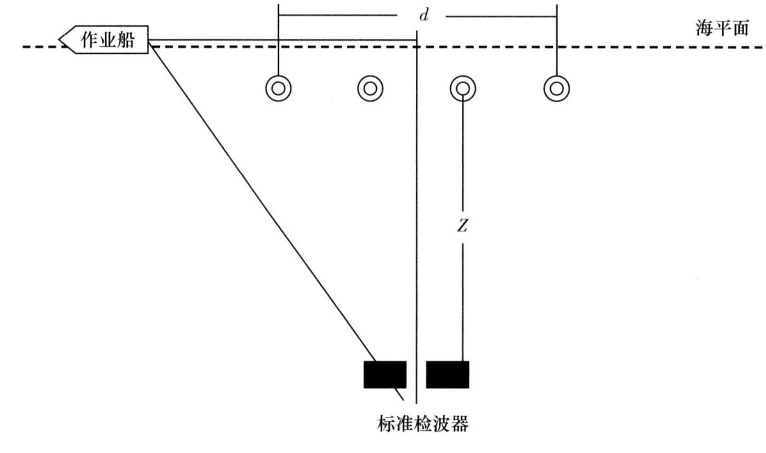

图 4.2　远场子波测定示意图

4.4.2 标准检波器要求

4.4.2.1 检波器到海底的距离

为保证直达子波不受海底反射的影响，检波器到海底的距离 D 应满足式（4.5），即

$$D \geqslant VT/2 \tag{4.5}$$

式中 D——检波器到海底的距离，m；

V——地震波在海水中传播速度，m/s；

T——子波延续时间长度，s（一般子波延续时间长度为 200～250ms）。

4.4.2.2 检波器到震源的距离设定

距离设定要考虑下列两个参数。

（1）理论上表明检波器距震源的距离越大越好，以至将收到的组合枪阵信号视为点源信号。考虑到检波器的灵敏度和实际生产的需要，要求枪阵中各枪激发的脉冲到达检波器的时差小于一个采样间隔，即满足式（4.6）、式（4.7），即

$$\Delta T < \left\{\left[\left(d/2\right)^2 + Z^2\right]^{1/2} - Z\right\} \Big/ V \tag{4.6}$$

$$Z \leqslant \left[\left(d/2\right)^2 - V^2 \Delta T^2\right] / \left(2V\Delta T\right) \tag{4.7}$$

式中 ΔT——采样间隔，s；

Z——检波器到震源中心的距离，m；

d——线型组合震源长度，m；

V——地震波在海水中的传播速度，m/s。

（2）理论上表明到达检波器的直达波和鬼波的振幅最好相近。实测中要求鬼波和直达波的振幅比达到 95% 以上。由于地震波的振幅和传播距离成反比，鬼波和直达波振幅比计算使用式（4.8）、式（4.9），即

$$A_g/A_d = \left(H-h\right) / \left(H+h\right) \tag{4.8}$$

即

$$H = h\left(1+A_g/A_d\right) / \left(1-A_g/A_d\right) \tag{4.9}$$

式中 A_g——鬼波振幅，dB；

A_d——直达波振幅，dB；

H——检波器沉放深度，m；

h——震源沉放深度，m。

4.4.3 应取得的原始资料

（1）记录光盘或磁带。

（2）实测子波、频谱、功率谱图形及数据。

（3）子波测试报告。

4.5 物探资料整理要求

地震资料采集和处理作业结束之后，服务公司应按照合同要求提供地震、综合导航原始资料和处理成果资料。

4.5.1 地震原始资料整理

4.5.1.1 地震记录磁带

（1）IBM 标准式卡带和移动存储设备。

（2）磁带标签上填写的内容与地震仪器班报记录的内容一致。

（3）磁带必须按带盘编号的顺序装箱，箱外注记与箱内磁带内容一致。

（4）在箱外明显位置标明箱号及托运地址。

（5）箱号、带盘编号与装箱单内容必须三符合，装箱单一式三份，磁带箱内、用户和服务公司各一份。

4.5.1.2 地震仪器班报

（1）班报填写应准确无误，打印字迹清晰，不得涂改。

（2）班报注记栏内的注记准确无误，因综合导航造成的空炮、废炮要与综合导航班报注记一致。

（3）班报责任栏内，必须由当班的操作员使用钢笔签署全名，不得使用圆珠笔和打印字体。

（4）班报一式两份，按施工顺序装订成册，在封面后附有地震测线目录、电缆装配图、气枪阵列组合图、主导天线—震源中心—第一道中心点位置图及声学系统、激光系统和尾标配置图。

4.5.1.3 施工报告

地震采集施工报告一式三份（含 3 张光盘）。

4.5.1.4 资料清单

资料清单一式三份。

4.5.2 定位导航资料整理

4.5.2.1 综合导航记录磁带

（1）记录磁带应为 UKOOA P1 和 P2 格式。

（2）磁带标签上填写的内容应包括雇主名称、作业工区、带盘编号、施工序号、记录格式、作业船队和作业日期等。

（3）其他要求按照本手册 4.5.1.1（3）～（5）规定执行。

4.5.2.2 综合导航班报

综合导航班报整理要求按照本手册 4.5.1.2 节规定执行。

4.5.2.3 海底地震

放缆数据及二次定位数据应录入 IBM 卡式带，一式两份，磁带标签上应注明雇主、作业工区、束线号、作业船队、施工日期等内容，上述内容应与导航班报一致。

4.5.2.4 综合导航报告

综合导航报告一式五份，附在施工报告内。

4.5.2.5 资料清单

资料总清单一式三份。

4.6 物探作业报告要求

物探作业报告应在作业结束后 45 天之内，由服务公司编写提供。

4.6.1 物探作业报告类别

4.6.1.1 地震资料采集

作业报告应包括地震施工、综合导航、DGNSS 定位作业、现场质控处理报告。

4.6.1.2 勘察报告

作业报告应包括资料采集、综合导航、DGNSS 定位作业及处理报告。

4.6.2 物探作业报告编写要求

（1）作业报告必须文字确切，数据准确，打印清楚、干净、整齐。
（2）附表及附图清晰、齐全。
（3）报告由作业负责人编写，由主管技术负责人审核。

4.6.3 物探作业报告内容

4.6.3.1 地震采集施工报告

施工报告内容应包括，但不限于下述内容。

4.6.3.1.1 工区概况

（1）工区简介。
（2）地质概况、勘探目标及作业类型。
（3）工区位置图、施工设计图。

4.6.3.1.2　工区海况

（1）工区水深、潮水流向和流速、潮汐。

（2）工区气象、邻近避风及补给港口。

（3）工区渔业活动及定置网具情况。

（4）工区障碍物分布情况。

4.6.3.1.3　设备简介

（1）各类设备运转及故障情况。

（2）作业前的设备校准情况。

（3）作业中的设备校验和调节情况，如电缆平衡、罗经鸟校准、深度传感器校准、气枪控制器的校准和调节等。

4.6.3.1.4　作业人员概况

施工的主要船、队员及驻船代表人员名单。

4.6.3.1.5　采集参数

（1）仪器参数包括仪器型号、采样率、记录格式、滤波特性、记录长度。

（2）电缆参数包括缆数、接收道数、道间距、偏移距、沉放深度及电缆装配图。

（3）综合导航参数包括主、辅导航系统名称和型号，岸台布置图和船上天线布置图，炮间距。

（4）多源多缆参数包括缆数及源数。

（5）震源参数包括源数、单源组合总容积、工作压力、沉放深度，并附有阵列组合图和震源子波、频谱图。

4.6.3.1.6　质量分析

对工区采集资料进行总体评价，评价内容如下：

（1）空炮率、废炮率。

（2）地震质控处理质量分析。

（3）三维覆盖率和补线率。

（4）附质量分析统计和工作量统计表。

（5）工区采集最终完成满覆盖面积及有资料面积。

4.6.3.1.7　时效统计

（1）工前试验时间包括电缆平衡、物探设备测试校准、实地踏勘工区等。

（2）作业时效包括做测线、上测线。

（3）各类设备故障。

（4）天气、渔业等待。

（5）邻队、航行船及潮水干扰。

（6）甲方要求的时间。

（7）乙方要求的时间。

（8）作业时效统计表及作业日报。

4.6.3.1.8　问题与建议

工区采集作业存在的各种问题、改进方法及今后工作的建议。

4.6.3.2　综合导航报告

报告内容应包括但不限于下述内容。

4.6.3.2.1　工区概况

（1）工区简介及作业类型。

（2）工区潮汐情况。

（3）工区位置图、施工设计图及潮汐规律表。

4.6.3.2.2　设备描述

工区采集作业所需综合导航硬件设备简介。

4.6.3.2.3　综合导航系统简介

（1）综合导航系统配置及综合导航软件。

（2）定位辅助设备校准情况。

（3）DGNSS、RGNSS、声学测距系统的配置。

（4）作业中的设备校验和调节情况，如电缆平衡、罗经鸟校准、深度传感器校准、气枪控制器的校准和调节等。

（5）附罗经鸟、RGNSS、声学的校准报告及配置图。

（6）附主导航天线—震源中心点—第一道中心点平面位置图。

4.6.3.2.4　施工参数

（1）实时导航参数。

① 道间距、炮间距、偏移距。

② 多源多缆参数包括缆距、源距。

③ 线距、面元规格、电缆划分比例、面元最小覆盖要求。

④ 工区磁偏角和声速资料。

⑤ 坐标系及其参数。

⑥ DGNSS 岸台坐标。

⑦ 测线名称约定和炮号说明。

（2）导航后处理参数。

① 预处理参数。

② 网络平差参数。

③ P1/90 数据文件命名。

4.6.3.2.5　质量分析

对工区采集资料进行总体评价，评价内容如下：

（1）综合导航质控处理质量分析。
（2）三维覆盖率和补线率。
（3）导航质量总结（应包括设备校准报告）。

4.6.3.2.6 问题与建议

工区采集作业存在的各种问题、改进方法及今后工作的建议。

4.6.3.3 DGNSS 定位测量作业报告

定位作业报告内容包括但不限于下述内容：
（1）作业区块略图和区块地理位置描述。
（2）参考台参数和移动台定位系统天线位置图。
（3）作业人员。
（4）使用定位设备性能、指标和设备清单。
（5）定位作业质量分析和时效分析。
（6）定位系统的校准方法、校准值和系统工作稳定性分析。
（7）附图（表）及其说明。
（8）其他有关资料。

4.6.4 勘察报告内容

4.6.4.1 工程物探报告

4.6.4.1.1 摘要

（1）概括性描述调查区域的位置、水深、地貌、浅地层特征和灾害性地质因素等。
（2）重要地质结论和建议。

4.6.4.1.2 前言

（1）调查任务来源。
（2）工作目的。
（3）工作量及工作范围。
（4）测线布设。
（5）工作进度安排。
（6）所采用的坐标系统及主要参数。

4.6.4.1.3 现场作业

（1）所使用的调查船及调查设备。
（2）作业方法的描述。
（3）调查中使用的采集参数。

4.6.4.1.4 解释程序

（1）资料质量评价。

（2）解释过程中所采用的校正和参数。

（3）解释图件的绘制。

（4）资料处理解释所采用的方法。

4.6.4.1.5 解释成果

（1）水深：应描述调查区内水深变化范围和趋势，预定井场位置处的水深值、海底坡度、海底冲刷和堆积情况。

（2）海底地貌特征：应描述从旁侧扫描声呐记录资料上识别出的各种地貌特征和海底障碍性物体的分布范围、大小、状态、高度、位置。

（3）浅层地质：应描述区域地质背景及该区内先前已获取的资料成果，浅层层序或反射界面的划分及其各单元层底界面的变化情况，各单元层的沉积物结构和沉积环境及各层之间的接触关系，浅部地层中潜在的灾害性地质因素。

（4）地质构造：描述调查区内的构造形态、与区域地质之间的关系、潜在的不稳定性等。

（5）地质条件评价：应结合工程地质分析计算结果评价调查区域内各种地质因素对工程的影响。

（6）结论和建议：应对施工的可行性给予明确的结论性评价和建议。

（7）附录：

① 参加勘察现场作业的主要人员及其所任职务或职责。

② 勘察作业所使用的船只和勘察仪器及其规格和设置。

③ 导航定位报告。

④ 数字地震资料处理报告。

⑤ 相关的海洋水文资料，应包括声速、温度、压力、盐度曲线。

⑥ 现场作业日报。

⑦ 现场作业中的其他有关文件。

4.6.4.1.6 主要解释成果图件

（1）航迹图。

（2）水深图。

（3）海底地貌特征图。

（4）浅地层等厚度图。

（5）地质特征图。

（6）浅层构造图。

（7）地质剖面图。

4.6.4.2 工程地质报告

4.6.4.2.1 前言

（1）工程项目概述。

（2）调查的目的和范围。
（3）调查概况。
（4）工程项目组织。

4.6.4.2.2　调查实施方法

（1）船只定位。
（2）水深测量。
（3）现场取样。
（4）现场试验。
（5）原位测试。
（6）岩土室内试验。

4.6.4.2.3　岩土综合状况

（1）区域地质条件：包括沉积历史、地震活动性等。
（2）钻孔地质分层。
（3）海底浅层土质分布特征。
（4）原位测试及岩土试验资料解释。
（5）岩土工程特性分析。
（6）各类试验、测试数据对比分析及数据可靠度评价。
（7）岩土层设计参数的选取。

4.6.4.2.4　自升式移动钻井平台基础稳定性分析

（1）承载力分析。
（2）穿刺危险性分析。
（3）抗滑移阻力计算。
（4）冲刷深度估计。

4.6.4.2.5　各类浅基础稳定性分析

（1）拖曳式埋置锚：应分析其可能的入泥深度和锚抓力。
（2）防沉板式或箱型基础：应分析其承载力、抗滑移阻力、基底沉降、冲刷。
（3）筒型基础、吸力锚桩：应分析其贯入阻力、抗压和抗拔阻力、冲刷。

4.6.4.2.6　桩基础的设计分析

（1）桩的极限轴向承载力分析。
（2）T–z、Q–z 和 P–y 资料分析。
（3）防沉板承载力。
（4）冲刷深度估计。
（5）砂土液化分析。

4.6.4.2.7　桩的可打入性分析

（1）波动方程分析。

（2）土的动阻力计算。

（3）可打入性分析结果。

4.6.4.2.8 分析结果及建议

应给出各项分析结果，并结合其他相关调查资料对施工的可行性给予明确的结论性评价和建议。

4.6.4.2.9 成果报告图表

（1）勘察位置示意图。

（2）取样、原位测试点位布置图。

（3）海底表层沉积物分布图。

（4）钻孔柱状图及原位测试曲线。

（5）综合地质剖面图。

（6）工程分析参数表。

（7）自升式钻井平台桩腿入泥深度分析曲线。

（8）桩基础分析成果，主要包括：

① 单位表面摩擦力曲线。

② 单位桩端承载力曲线。

③ 桩的极限轴向承载力曲线（包括抗压力和抗拔力）。

④ $T-z$、$Q-z$ 和 $P-y$ 资料。

⑤ 隔水套管和桩的可打入性分析结果，包括：土动阻力曲线、锤击数与打桩阻力关系曲线、预测锤击数与桩贯入深度关系曲线。

4.6.4.2.10 成果报告附录

（1）原位测试报告。

（2）土工试验成果。

（3）土动力学试验资料。

（4）现场调查资料。

（5）定位报告。

4.6.4.3 成果报告书格式

（1）成果报告书正文部分应采用通用电子文本进行编写，格式编排规范统一，条理清晰。

（2）成果报告图件应采用 AutoCAD、PDF 格式、JPG 格式或其他通用的图形格式。

4.7 物探资料存档要求

应归档的物探资料按照类别有以下内容，但不限于下列内容。

4.7.1　应归档的物探采集资料

归档的地震采集原始资料应包括但不限于下列内容：

（1）地震和综合导航原始带。

（2）地震和综合导航班报。

（3）海底地震二次定位带。

（4）施工报告。

4.7.2　应归档的勘察作业资料

4.7.2.1　内容

存档的资料主要包括以下内容。

（1）项目委托书、有关的技术要求及勘察实施方案等。

（2）最终成果报告：包括文本、图件和相应的电子文件。

（3）原始资料：

① 水深记录。

② 旁侧扫描声呐记录。

③ 浅地层剖面记录。

④ 磁力记录资料。

⑤ 定位数据记录。

⑥ 钻探记录。

⑦ 原位测试资料。

⑧ 现场试验记录。

⑨ 取样及样品编录。

⑩ 室内土工试验资料等。

上述原始资料由服务公司负责永久归档，并能及时提供有限公司分公司所需要的原始资料。

4.7.2.2　要求

（1）应对勘察过程中形成的有重要意义的文字记录和最终成果报告等材料进行整理归卷，并审核签字，经档案管理部门审查符合相关规定后归档。

（2）归档文件应格式统一、字迹工整、图样清晰、装订牢靠、签字手续完备。

4.7.3　原始记录表格表式

4.7.3.1　表格规格

原始数据表幅面均为A4标准规格，即297mm×210mm，其版心尺寸最大为160mm×232mm，装订线在左侧15mm，字型字号均以表式为准。

（1）地震采集附图及附表：

① 地震采集作业日报封面格式及作业日报表式见本手册附表 B.1～B.3。

② 地震采集仪器班报封面格式及班报表式见本手册附表 B.4～B.6。

③ 地震采集导航班报封面格式及班报表式见本手册附表 B.7～B.9。

④ 磁带装箱单格式见本手册附表 B.13。

⑤ 磁带盘标签见本手册附表 B.14。

⑥ 磁带箱托运标签格式见本手册附表 B.16。

⑦ 地震磁带装箱统计表表式见本手册附表 B.17。

（2）工程物探附图及附表：

① 常用图例见本手册附表 B.18。

② 海底柱状取样现场记录格式见本手册附表 B.19。

③ 海上工程地质钻进取心班报格式见本手册附表 B.20。

④ 钻孔取样现场描述及试验记录格式见本手册附表 B.21。

⑤ 海上钻孔 CPT 测试现场记录格式见本手册附表 B.22。

⑥ 钻孔编录中使用的术语和符号见本手册附表 B.23。

4.7.3.2 填写要求

（1）表格在作业同时据实填写。

（2）原始记录表格内数字应用阿拉伯数字规范书写，汉字使用国家公布的规范简化汉字。

（3）纯小数数据，小数点前的“0”不能省略。

（4）相邻的行或列的数据或文字相同时，应重复写出，不能用省略号或用“同上”“同左”等字样。

（5）表格中的空白只表示未测定，“/”表示无此项，实际数字为零的必须写“0”。

（6）外文字符的书写使用印刷体，上、下角标，字母的大、小写及书写规定标注清楚，字迹清晰可辨。

（7）需改正的数字或错字必须将其划掉，重新书写。

（8）所有责任签字必须由责任人签注全名。

4.7.4 归档要求

（1）物探监督应按照签字验收的资料内容编制资料清单。

（2）双方应按照清单内容清点、核实完毕后签字认可。

（3）清单一式二份，档案室和各分公司勘探部各保存一份。

4.8 野外磁带存放、运输及交接管理规定

4.8.1 目的与适用范围

为了确保野外地震资料数据磁带的稳定、可靠、保质、安全，特制订本管理规定，本

规定适用于为中海石油有限公司提供野外地震资料采集的服务公司的相关磁带存放、管理、运输及交接的所有作业人员和磁带相关设施。

4.8.2 野外磁带管理规定及程序

4.8.2.1 野外磁带的管理与保存

4.8.2.1.1 磁带管理与保存

（1）野外磁带保存必须有专门人员负责管理。

（2）写入地震数据后的原始带和拷贝带必须分开存放。

（3）磁带摆放应保持竖放，不宜平放，更不应平放堆压。

（4）写入地震数据后的磁带存放的环境应保持清洁，温度要求为18～28℃，相对湿度为20%～80%，磁场强度小于3200A/m，发现异常应及时上报监督。

4.8.2.1.2 其他

磁带的记录和野外存放不在同一地点，记录后需要经过临时运送到达存放地点时应注意：

（1）水路运送应使用较大型船舶运送，并且磁带在运送过程中应使用专用磁带运输箱，外包装应达到密封防水、防碰的效果。

（2）负责运送的交通工具环境温度要求为18～28℃，相对湿度为20%～80%，磁场强度小于3200A/m，磁带之间不得挤压，途中不得出现磕碰。

（3）水路运送时间不宜超过6h，运送期间应有专人负责。

4.8.2.2 野外磁带的装箱

（1）原始磁带和拷贝磁带应严格分装，并且应使用不同颜色的标签，标签粘贴应牢固稳定。

（2）磁带标签上填写的内容应与地震仪器班报、导航班报记录的内容一致，并且磁带在装箱时，班组之间应对磁带、班报进行逐一核对、相互核对。

（3）磁带应按带盘编号的顺序装箱，箱外注记与箱内磁带内容一致，达到箱号、带盘编号与装箱单三符合。

（4）磁带封箱前，班组清点后，驻队监督应再次按照服务公司编写好的磁带装箱单进行逐一核对。

（5）应在箱外明显位置标明箱号、磁带起止盘号及其他相关信息。

（6）监督检查完毕，经驻队监督同意后方可封箱。

（7）资料交接单一式四份，驻队监督、船队经理（地球物理师或者班组负责人）双方签字后生效，驻队监督、作业队各一份存档，交接人两份。

4.8.2.3 磁带上交

（1）服务公司在提出上交磁带之前，应征得监督同意，由监督请示甲方是否上交，否则任何人不得私自上交磁带。

（2）磁带运送至岸上的过程中，不应使用橡皮艇和其他同类小型船只进行运送。

（3）原始磁带和拷贝磁带不得同时封箱上交，只能先交拷贝带，等拷贝带安全到达甲方指定地点或者磁带库后，原始带方可离船上交。

4.8.2.4 磁带运输

（1）磁带的上交地点，须由驻队监督向甲方请示并确定后，服务公司方可将磁带上交至甲方的指定地点或者磁带库。

（2）磁带运输过程中应有专人押送并跟踪，直至送达甲方指定地点或者磁带库。

（3）磁带运输过程中无关人员不应随车乘坐。

（4）磁带运输应使用带有空调的车辆运送，并且要求磁带所处环境温度为 18～28℃，整齐摆放，避免碰撞。

（5）磁带在运输途中，不得中途住宿或者长时间滞留，应连续行驶到达指定地点或者磁带库。

（6）磁带在即将到达指定地点之前，须提前通知甲方，由甲方安排人员到指定地点或者磁带库进行现场交接。

（7）磁带入库清点时，服务公司须安排野外专业人员与甲方及资料接收方一起清点并入库。

4.8.3 其他

以上磁带交接的相关内容，要求服务公司和驻队监督严格遵照执行。

4.9 海上地震勘探数据前绘

4.9.1 资料准备

地震采集定位数据前绘应备有以下资料：

（1）工区测线布置图及工区范围拐点坐标。

（2）测线方位、测线间距、共中心点（CMP）间距。

（3）测线与 CMP 编号的要求。

（4）参考椭球体基准面、投影系统。

（5）海底地震还应提供炮线与接收线相对位置关系。

（6）多源多缆作业，还应提供震源、电缆、CMP 线和航行线间的相对位置关系，确定设计测线编号要求及规律。

4.9.2 前绘计算

（1）数据输入及计算。

（2）在计算过程中，应考虑到设计测线与老测线之间的相对关系，如果存在接点应根据提供的数据进行核查。

4.9.3 前绘复核

所有前绘结果都应由不同的人做两次计算并细致检查，确保无误后上交。

4.9.4 提交的成果

（1）前绘导航图，比例尺符合用户要求，图头标注及参数表应包括以下内容：

① 绘图比例尺及有关参数。

② 一定间隔的测线名、炮号。

③ 在图头标明作业区的名称、制图参数（椭球、投影、比例因子等）。

④ 制图者和制图日期。

（2）数据记录相关要求：

① 按 UKOOA P1 系列格式记录于磁带或磁盘上。

② 参考椭球体基准面、投影系统。

③ 所有测线名及按要求间隔的 CMP 号、经度、纬度和平面直角坐标。

④ 应包括与工区有关的头段数据。

⑤ 坐标单位及角度单位。

⑥ 测线网起算原点数据。

4.9.5 前绘处理报告

（1）作业区略图和作业区地理位置描述。

（2）使用设备、处理方法及处理结果。

（3）附图表及其他说明。

（4）主要处理人员。

4.10 常用大地坐标系参数

4.10.1 WGS-84 大地坐标系地球椭球基本参数

WGS-84 坐标系即 1984 年世界大地坐标系，是美国的全球定位系统（GPS）采用的地心坐标系。WGS-84 坐标系与国际地球参考系统一致。

长半径　a=6378137m

短半径　b=6356752.3142m

扁　率　f=1/298.257223563

第一偏心率平方　e^2=0.00669437999013

第二偏心率平方　$(e')^2$=0.006739496742227

4.10.2 2000 国家大地坐标系地球椭球基本参数

长半径　a=6378137m

短半径　b=6356752.31414m

扁　率　f=1/298.257222101

第一偏心率平方　e^2=0.00669438002290

第二偏心率平方（e'）^{2}=0.00673949677548

4.10.3　1954 年北京坐标系地球椭球基本参数

长半径　a=6378245m

短半径　b=6356863.0188m

扁　率　f=1/298.3

第一偏心率平方　e^2=0.006693421622966

第二偏心率平方（e'）^{2}=0.006738525414683

4.10.4　WGS-72 大地坐标系地球椭球基本参数

长半径　a=6378135m

短半径　b=6356750.520m

扁　率　f=1/298.26

第一偏心率平方　e^2=0.0066943178

第二偏心率平方（e'）^{2}=0.0067394337

4.11　坐标转换参数的求定和使用

4.11.1　Helmert 七参数坐标转换

Helmert 七参数常用于国际上各种坐标系之间的转换，是目前全球或大区域内坐标转换的常用方法。国际上公布有各种世界坐标系及常用的地区坐标系之间的转换参数，国内作业只要所使用坐标系与这些坐标系相对应就可采用。

局部区域内求取七参数需要该区域内均匀分布至少四个具有两个坐标系的精确坐标的已知点，通过使用最小二乘平差的方法求定。

七参数转换中各参数的意义如下：

坐标平移：ΔX，ΔY，ΔZ。

坐标轴旋转：$\mathrm{d}X$，$\mathrm{d}Y$，$\mathrm{d}Z$。

比例因子：K。

4.11.2　三参数坐标转换

三参数坐标转换是局部区域内各种坐标系之间相互转换的常用方法。在较大的区域内不宜使用三参数坐标转换方法。目前各地区、部门公布或使用了一些坐标系之间的转换三参数，可酌情采用。

局部区域内求取转换三参数需要该区域内均匀分布的至少两个具有两个坐标系的精确坐标的已知点，通过计算它们的三维笛卡儿坐标差的平均值或用最小二乘平差的方法求定。

三参数转换中各参数的意义如下：

坐标平移：ΔX，ΔY，ΔZ。

4.12 常用的定位系统作用距离和定位精度介绍

4.12.1 系统作用距离及实时定位精度

（1）陆基差分参考台。

作用距离小于250km，实时定位精度不大于3m，如Deltafix差分定位系统。

（2）星基差分参考台。

① 作用距离没有限制的差分定位系统，实时静态精度不大于10cm，实时动态定位精度不大于1m，如Starfix.XP2和Starfix.G2高精度差分定位系统。

② 作用距离小于2000km，实时静态精度不大于10cm，实时动态定位精度不大于1m，如Starfix-HP高精度差分定位系统。

③ 作用距离小于2000km，实时定位精度不大于3m，如Starfix.L1差分定位系统。

4.12.2 高精度差分定位系统的高程精度

高精度差分定位系统实时高程动态精度不大于1m，实时静态精度不大于20cm。在地震作业中，记录准确的GNSS天线高程数据对处理地震数据有很好的帮助。

常用的高精度差分定位系统有：Starfix.XP2和Starfix.G2高精度差分定位系统。

4.13 物探分册引用规程

手册引用了以下技术规程：

GB 50021—2001　《岩土工程勘察规范［2009年版］》
GB 55017—2021　《工程勘察通用规范》
GB/T 12763　《海洋调查规范》
GB/T 17501—2017　《海洋工程地形测量规范》
GB/T 17502—2009　《海底电缆管道路由勘察规范》
GB/T 17503—2009　《海上平台场址工程地质勘察规范》
GB/T 24261　《石油海上数字地震采集拖缆系统》
GB/T 50123—2019　《土工试验方法标准》
GB/T 50269—2015　《地基动力特性测试规范》
SY/T 6707—2016　《海洋井场调查规范》
SY/T 6839—2013　《海上拖缆式地震勘探定位导航技术规程》

SY/T 6901—2018 《海底地震资料采集检波点定位技术规程》
SY/T 10015—2019 《海上拖缆式地震数据采集作业技术规程》
SY/T 10017—2017 《海底电缆地震资料采集技术规程》
SY/T 10019—2016 《海上卫星差分定位测量技术规程》
SY/T 10020—2018 《海上拖缆地震勘探数据处理技术规程》
SY/T 10026—2018 《海上地震资料采集定位及辅助设备校准指南》
Q/HS 1001—2012 《海上拖缆三维地震资料采集设计规范》
Q/HS 1029 《海上拖缆地震资料采集现场质量控制数据处理规程》
Q/HS 1030 《SEAL 地震数据采集系统测试项目及技术指标》
Q/HS 1035 《海上拖缆地震数据采集系统测试项目及技术指标》
Q/HS 1039 《海底电缆三维地震资料采集设计规范》
Q/HS 1045 《深水油气勘探井场调查规范》
Q/HS 1049 《SeaRay300 海底电缆系统检测项目及技术指标》
Q/HS 1058 《SEAL428 地震采集系统测试项目及技术指标》
Q/HS 1062 《海底电缆地震资料采集质量控制规范》
Q/HS 1072 《海底电缆地震资料采集现场质量控制数据处理规范》
Q/HS 1078 《海底电缆地震勘探定位导航技术规程》
Q/HS 1079 《海上地震采集前绘技术指南》
Q/HS 1086 《空气枪震源设计指南》
Q/HS 1098 《海底节点地震资料采集技术规范》
Q/HS 3011 《海上平台场址和海底管道路由工程地质勘察》
Q/HS 3012 《海上平台场址和海底管道路由工程物探勘察》
Q/HS 3019 《海上工程勘察资料归档规范》
Q/HS 3020 《海上工程勘察制图规范》
Q/HS 3044 《水下机器人作业规程》
Q/HS 9032 《海洋工程勘察用多波束测深系统功能配置和技术要求》
Q/HS 9051 《海洋工程勘察海床静力触探系统功能配置和技术要求》
Q/HS 9075 《海洋工程勘察钻孔静力触探系统功能配置和技术要求》
Q/HS 9085 《海洋工程勘察自主水下潜器（AUV）调查系统功能配置和技术要求》
Q/HS 14016 《深水钻井井场评价要求》

DNV-RP-E303—2005 Geotechnical Design and Installation of Suction Anchor in Clay (October 2005)

ANSI/API RP 2GEO—2011 Geotechnical and Foundation Design Considerations (First edition, April 2011)

附　录

附录 A　附图

A.1　采集监督工作流程框图

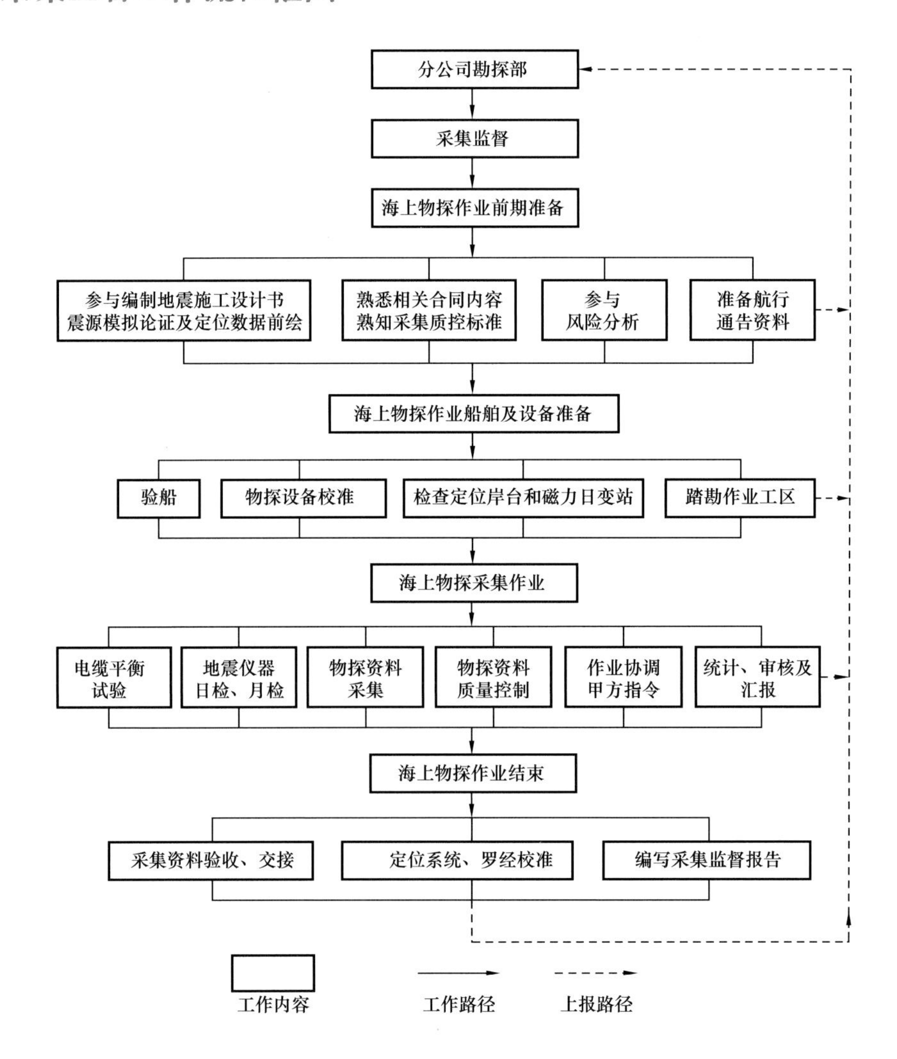

A.2 采集监督汇报工作程序框图

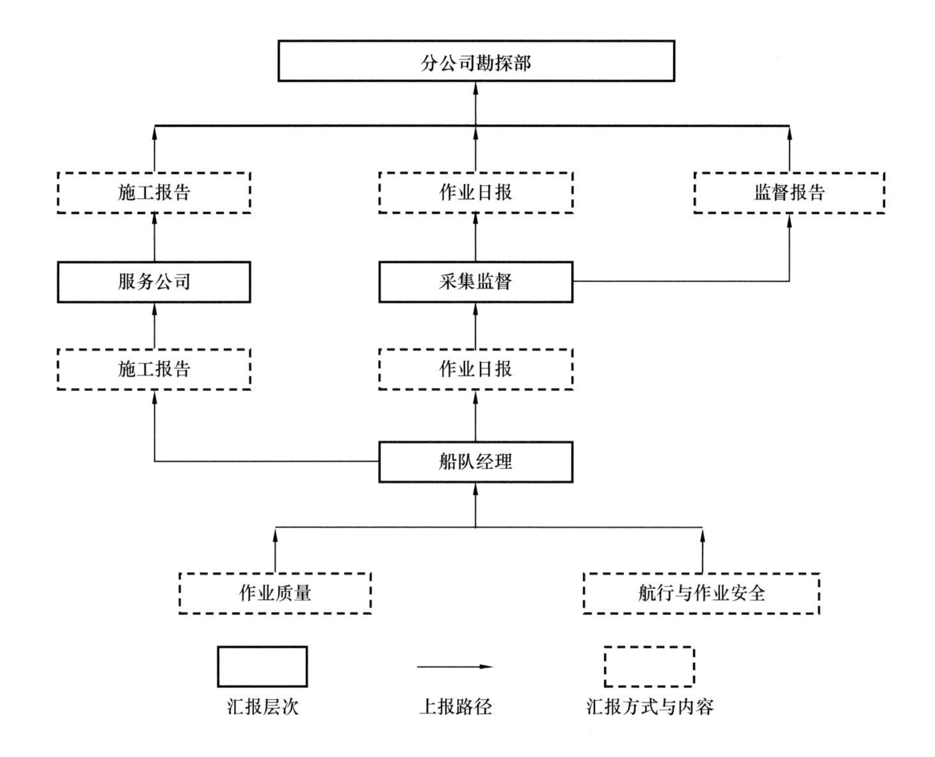

A.3 三维地震采集施工设计书封面及首页格式

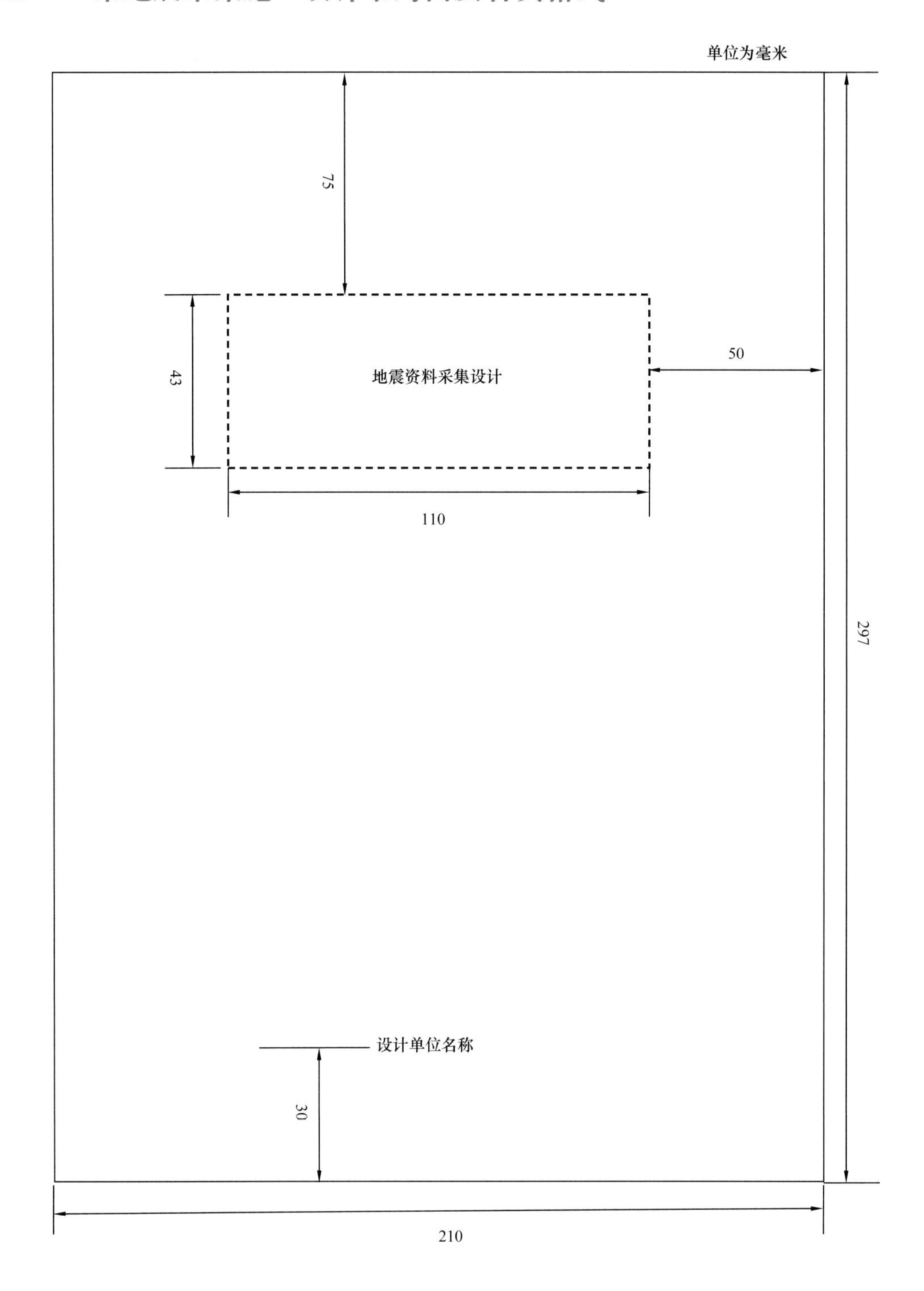

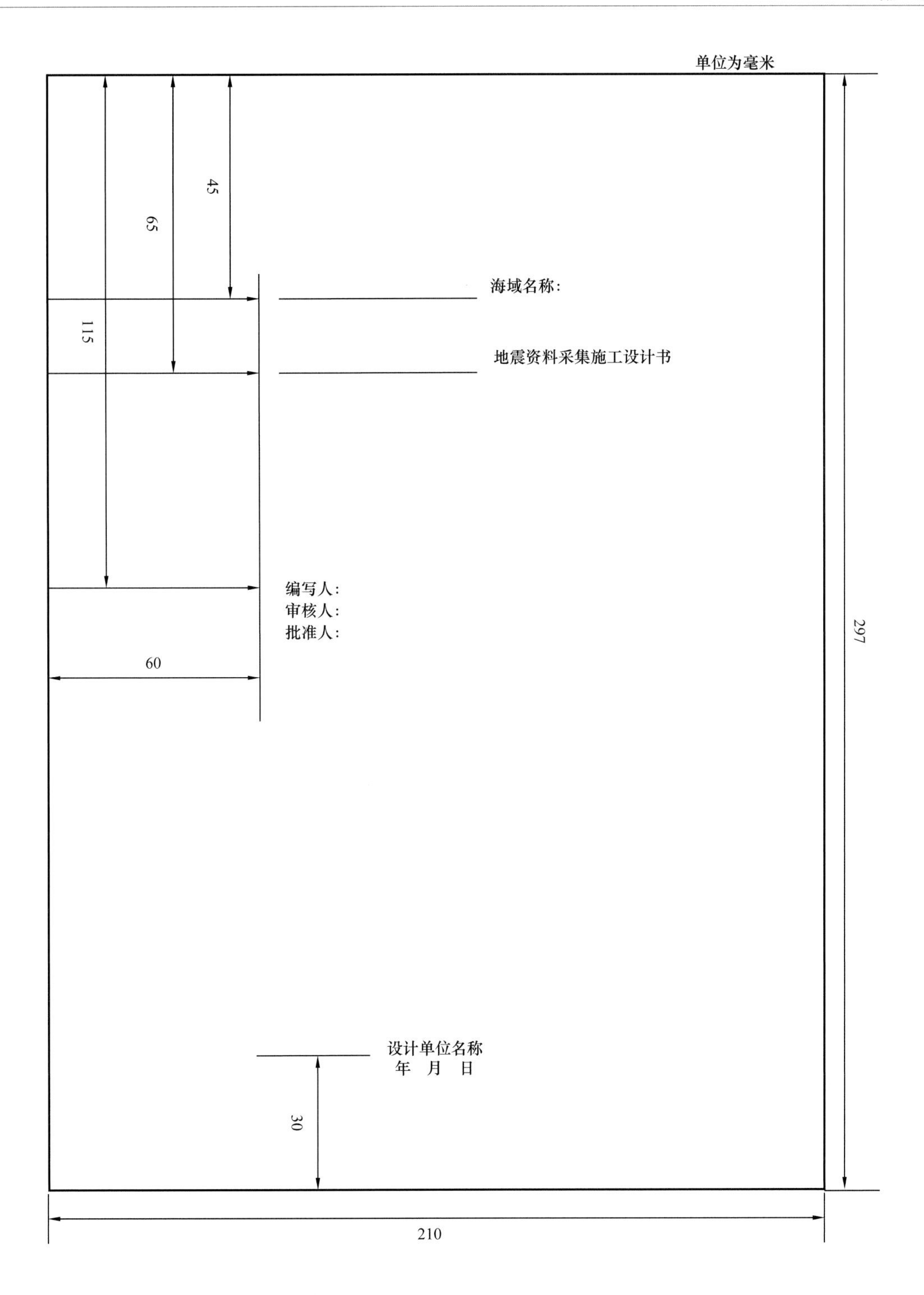
单位为毫米
45
65
115
海域名称:
地震资料采集施工设计书
编写人:
审核人:
批准人:
60
297
设计单位名称
年 月 日
30
210

A.4 二维现场 QC 基本流程

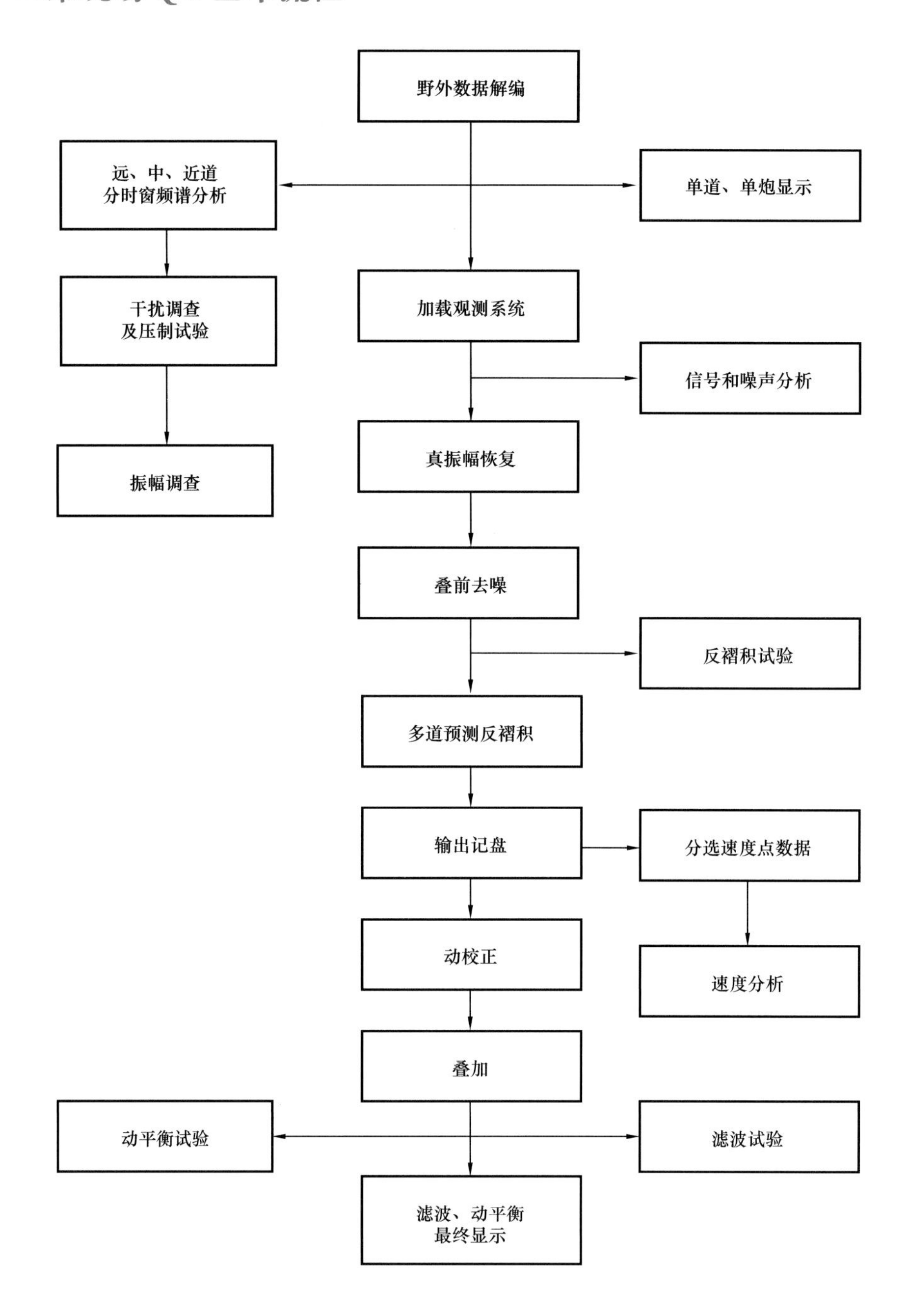

A.5 三维现场 QC 基本流程

A.5.1 基本流程——CDP 线质控部分（左）

A.5.2 基本流程——时间切片部分（右）

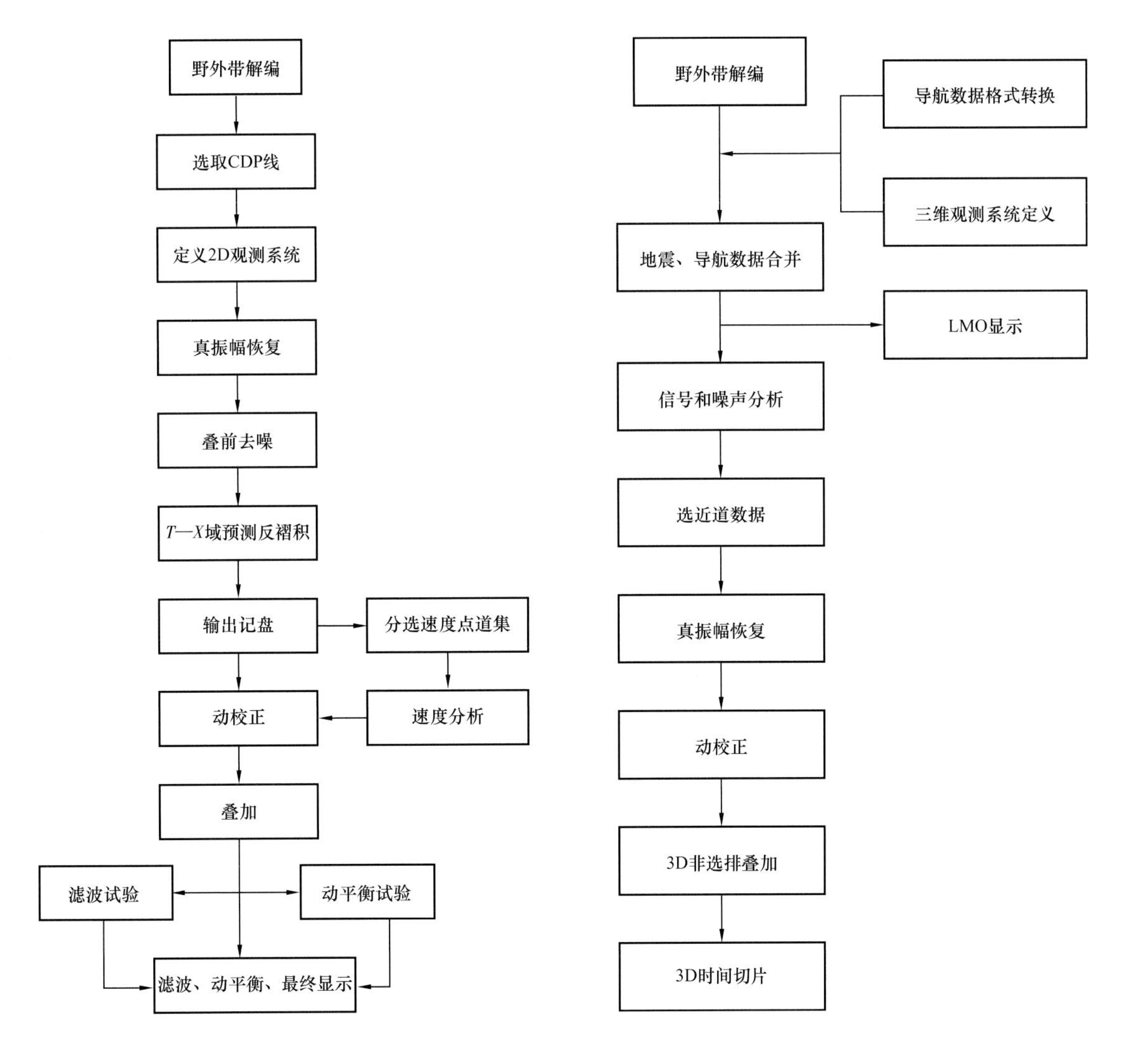

A.6 现场处理报告封面格式

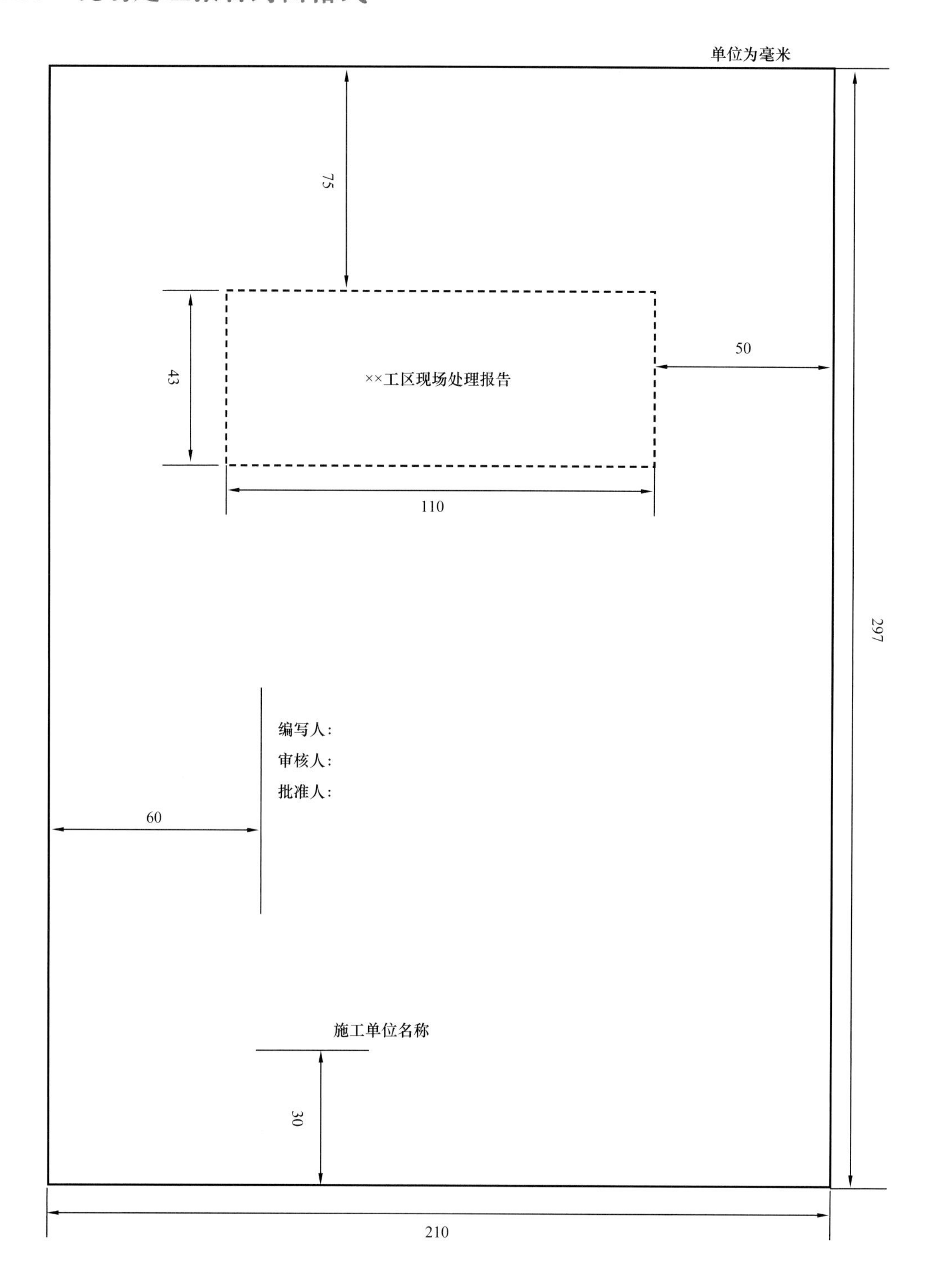

附录B 附表

B.1 地震采集作业日报封面格式

地震采集作业日报

Daily Report

雇主 Client：________________________________

工区 Area：________________________________

作业类型 Survey Type：__________________________

作业船队 Vessel：______________________________

作业日期 Date：______________________________

船队经理 Party Chief：__________________________

采集监督 Representative：________________________

共　　页

年　月　日

B.2　拖缆地震采集作业日报

雇主：			工区			作业船			服务公司			日期		
作业内容	起始时间	终止时间	小时	代码	序号	测线号	方向	第一有效炮	最后有效炮	有效炮数	航行千米	CMP千米	平方千米	备注
日合计														
日时效	主线	转线	补线	天气	潮流	渔业	大船	雇主	实验	补给	动/复员	分时	备注：	
	仪器	导航	震源	电缆	声学	罗经鸟	甲板	机舱	辉固	空压机	专机械	其他		
工区时效	主线	转线	补线	天气	潮流	渔业	大船	雇主	实验	补给	动/复员	分时		
													序号	
													本工区总工作量	
	仪器	导航	震源	电缆	声学	罗经鸟	甲板	机舱	辉固	空压机	专业机械	其他	本工区完成百分比	
													剩余工作量	
													作业开始日期	
总累计	生产			等待			故障			其他			开始第？天	
统计		Prime	Infill	Reshoot	Total	日主线炮数				天气：			涌浪：米	
日航行千米						日采集平方千米		船队经理： Party Chief:		存水：吨			存油：立方米	
日 CMP 千米											雇主代表： Client Rep:			
月航行千米						月采集平方千米								
月 CMP 千米														
工区航行千米						总采集平方千米								
工区 CMP 千米														
船舶零点船位		度	分	秒	主船数		主船人数							
北纬					护航船数		护航船人数							
东经					合计：		合计：							

B.3 海底地震采集作业日报

雇主				工区			作业船				服务公司			日期
作业内容	起始时间	终止时间	小时	代码	Patch 号	序号	炮线号	炮线方向	第一有效炮	最后有效炮	有效炮数	航行千米	平方千米	备注
日合计														
日时效	主线	转线	补线	收放缆、定位	天气	渔业	潮流	大船	靠港	雇主	动 / 复员	邻队	备注：	
	仪器	导航	震源	电缆	声学	甲板	机舱	空压机	专业机械	RGNSS	DGNSS	其他		
0														
0														
工区时效	主线	转线	补线	收放缆、定位	天气	渔业	潮流	大船	靠港	雇主	动 / 复员	邻队		
													序号	
													本工区总工作量	
	仪器	导航	震源	电缆	声学	甲板	机舱	空压机	专业机械	RGNSS	DGNSS	其他	本工区完成百分比	
0													剩余工作量	
0													作业开始日期	
总累计	生产			等待			故障			其他			开始第？天	
统计		Prime	Overlap	Reshoot	Total	日主线炮数				天气：			涌浪：米	
日航行千米						日采集平方千米				存水：吨			存油：立方米	
日有效炮数										船队经理：			雇主代表：	
月航行千米						月采集平方千米				Party Chief:			Client Rep:	
月有效炮数														
工区航行千米						工区采集平方千米								
工区有效炮数														
船舶零点船位		度	分	秒		主船数：		主船数：						
北纬						护航船数：		护航船数：						
东经						合计：		合计：						

B.4 地震采集仪器班报封面格式

地震采集仪器班报

Observe Log

雇主 Client：____________________________

工区 Area：____________________________

作业类型 Survey Type：____________________________

作业船队 Vessel：____________________________

作业日期 Date：____________________________

仪器操作员 Observer：____________________________

仪器工程师 Engineer：____________________________

船队经理 Party Chief：____________________________

采集监督 Representative：____________________________

共　　页

年　月　日

B.5 拖缆地震采集仪器班报

拖缆地震采集仪器班报（Observer Log）

船名（Vessel name）：	风向（Wind dir）：	电缆工作坏道（Streamer bad trace）：
雇主（Client）：	风力（Wind power）：	
	浪高（Sea state）：	震源备注（Source remark）：
工区（Area）：	测线起始 / 结束噪声值 /μbar：	测线起始坏枪（SOL bad guns）：
	Noise Value（S/E）：	总废炮数（Total bad shots number）：
序号（Sequence）：	测线起始 / 结束枪压力 /psi：	总废炮率（Total bad shots ratio）：
测线号（Line No.）：	Pressure（S/E）：	操作员签名（Observers）：
方向（Line Dir）	测线起始 / 结束枪容积 /in^3：	
日期（Data）：	Gun Vol（S/E）：	

盘号 REEL No.	磁带机号 DRIVE No.	文件号 FILE No.	炮号 SP No.	羽角 F/A	水深 W/D	时间 BJ Time	备注（REMARK）

枪延迟错（Gun Delta Error）：	total：
废炮（磁带错 Tape Error）：	total：
丢炮（GNSS 信号不好 Bad GNSS Signal）：	total：
废炮（枪自激 AutoFire）：	total：
备注（Remark）：	

B.6 海底地震采集仪器班报

海底地震采集仪器班报

工区：	记录系统： 采集系统：	起止接收线号： 起止接收点号：	枪控系统：	风向：	
雇主：	采样率： 记录长度：	起止炮线号：	震源容量：	风力：	
作业船队：	前放增益： 高切：	起止炮点号：	震源压力：	浪高：	
船名：	低切： 滤波类型：	道间距： 炮间距：	震源沉放深度：	总废炮数：	操作员签名：
Swatch 号：	记录格式： 检波器组合：		气枪类型：	总废炮率：	日期：

序列号	炮线号	炮数	盘号		文件号	炮点桩号	起止时间	坏炮	自激	空炮	枪不同步	废炮率	备注

B.7 地震采集导航班报封面格式

地震采集导航班报

Navigation Log

雇主 Client:______________________________

工区 Area:______________________________

作业类型 Survey Type:______________________________

作业船队 Vessel:______________________________

作业日期 Date:______________________________

导航操作员 Nav Observer:______________________________

导航工程师 Nav Engineer:______________________________

船队经理 Party Chief:______________________________

采集监督 Representative:______________________________

共　　页

年　月　日

B.8 拖缆地震采集导航班报表式

拖缆地震采集导航班报

SEQ：

Client： 雇主：	Primary Nav： 主导航系统：	Date： 日期：
Area： 区块：	Secondary Nav： 第二导航系统：	Wind HDG： 风向：
Line Name： 测线名：	Line Dir： 测线方向：	Navigator： 操作员：
Note： 备注：		

BEIJING 北京时间	Shot 炮号	DC 横向偏移	DPT 水深	Feather 羽角	Description 描述	Remarks 备注

磁罗盘	
测深仪	
电罗经	
DGNSS	
SPECTRA	
备注：	

B.9 海底地震采集导航班报表式

海底地震采集导航班报（接收线）

主要定位导航参数											
定位系统		椭球体		扁率倒数		投影		假北		假东	
导航系统		长半轴		第一偏心率		中央子午线		比例因子		作业队号	
定位系统		短半轴		接收线号		炮间距		道间距		束线号	
雇主											
接收线号	起止检波点号	作业日期	起止时间	起止检波点水深 /m	P2/94 原始记录文件名	P1/90 原始记录文件名					

操作员： 页号：

B.10 电罗经校准记录表

船　　名：　　　　　　　　位置：

参加人员：　　　　　　　　日期：

时间	船头棱镜读数		船尾棱镜读数		电罗经读数	
	角度 / °′″	距离 / m	角度 / °′″	距离 / m	电罗经 1/ °	电罗经 2/ °

B.11 测深仪校准记录表

船　　名：　　　　　　　　位置：
参加人员：　　　　　　　　日期：

序号	测量位置	铅垂线读数	测深仪 1 读数	测深仪 2 读数
1				
2				
3				
4				
5				
6				
7				
8				

B.12 深度传感器核查记录表

船　　名：　　　　　　　　位置：
参加人员：　　　　　　　　日期：

序号	压力 / kPa	深度传感器		深度传感器		深度传感器	
		S/N	读数 / m	S/N	读数 / m	S/N	读数 / m
1							
2							
3							
4							
5							

B.13 地震磁带装箱单

雇　　主：　　　　　　　　　　　　　　　　作业类型：

作业工区：　　　　　　　　　　　　　　　　作业船队：

作业日期	测线号	起止炮号	起止文件号	磁带盘号	箱号	备注
说明：						

B.14 磁带盘标签（拖缆）

雇主	:	
工区	:	
盘号	:	
序列号	:	
线名	:	
炮号	:	
文件号	:	
采样率	:	
记录长度	:	
记录格式	:	
数据量	:	
船队名	:	
日期	:	
工区：	盘号：	

B.15 磁带盘标签（海缆）

雇主	:			工区:		
船队名	:					
Swath 号	:			盘号:		
测线名	:					
序列号	:					
炮线名	:					
炮号	:					
文件号	:					
日期	:				仪器船:	
工区:	盘号（原始）:				仪器船:	

B.16 磁带箱托运标签

寄自: From:			
寄至: To:			
雇主: Client:		作业工区: Area:	
作业船队: Vessel:		箱号: Box No.:	
测线号: Line No.:	起止炮号: FSP-LSP:	起止盘号: Reel No.:	备注: Remarks:

B.17 地震磁带装箱统计表

雇主： Client：	工区： Area：	作业船队： Vessel：		勘探类型： Survey Type：		
序列号 No.	测线号 Line No.	起止盘号 Tape No.	盘数 Total Tapes	装箱号 Box No.	作业日期 Date	备注 Remarks

船队经理：
Party Chief：

采集监督：
Representative：

B.18 常用图例

序号	名称	图样	描述
1	关键点及标注	◒ XXXX	圆的直径 5～8mm，字体 Arial，高度 5～8mm
2	钻孔点及标注	⊠ XXXX	正方形边长 5～8mm，字体 Arial，高度 5～8mm
3	重力取样点及标注	⊗ XXXX	圆的直径 5～8mm，字体 Arial，高度 5～8mm
4	准确位置标注	XX	与数值相对的顶点为准确定位点，一般用于埋深、探测点等的标注，字体为 Arial
		XX	圆心为准确定位点，一般用于埋深，不宜大于直径为 15mm 的外接圆，字体为 Arial
		XX	垂线端点为准确定位点，一般用于 KP 值的标注，字体为 Arial
		XX/XX	垂线端点为准确定位点，一般用于跨度和高度，字体为 Arial
5	非准确位置标注	XX	于标注点一定范围内的值，一般用于地层厚度等的标注
		XX/XX	于标注点一定范围内相关的值，一般用于同时标出顶部埋深和底部埋深或坡度等的标注
6	范围标注	XX/XX/XX	被标注物的形状范围，一般用于标出被标注物的长宽高或深
7	古河道		边界 0.5mm 多段线，颜色 106；边界内填充图案为“CORK”45°颜色 106
8	浅层气		边界 0.5mm 多段线，颜色 8；边界内填充图案为“SOLID”颜色 9
9	断层	FAULT$_n$	平面图断层的标注，使用 0.7mm 粗实线，齿状线应垂直于断层标注线均匀分布，齿状线长度为 5～10mm，图面出现多条断层时应于一端标注字符“F”，下标序号 *n* 为断层编号 剖面图断层的标注，使用 0.7mm 粗实线，图面出现多条断层时应标注字符“F”，下标序号 *n* 为断层编号
10	岩石		边界 0.5mm 多段线，颜色 30；边界内填充图案为“AR-BRSTD”45°颜色 30
11	砾石		边界 0.5mm 多段线，颜色 32；边界内填充图案为“AR-CONC”颜色 32
12	沙波		边界 0.5mm 多段线，颜色 40；边界内填充图案为“SIND”颜色 40
13	沙坝		边界 0.5mm 多段线，颜色 40；边界内填充图案为“SIND”和“ANSI31”颜色 40
14	滩涂		边界 0.5mm 多段线，颜色 106；边界内填充图案为“SWAMP”颜色 106
15	渔网		边界 0.5mm 多段线，颜色 107；边界内填充图案为“NET3”颜色 107
16	海底障碍物		边界 0.5mm 多段线，颜色为黑色；边界内填充图案为“SOLID”颜色 9
17	凹坑或凸起		边界线宜使用黑色号颜色 0.5mm 实线，凸起边界内不填充，凹坑边界内填充图案为“SIND”图样填充，颜色 8 号，宜标注长宽高或深

B.19 海底柱状取样现场记录格式

海底柱状取样现场记录		
项目名称：	作业海区：	
建设单位：	勘察单位：	
取样站位：	东向：	水深：
取样日期：	北向：	样长：
取样时间：	经度：	收获率：
取样方法：	纬度：	记录者：

样品编号	深度	土样描述	试验结果

取样站位选取说明：

图例	土质类型		土质粒径 /mm
	砾石	粗	19～75
		细	4.75～19
	砂	粗	2.00～4.75
		中	0.425～2.00
		细	0.075～0.425
	粉土		0.005～0.075
	黏土		＜0.005

黏性土的稠度		粒状土的相对密实度	
硬度	不排水抗剪强度 /kPa	密实度	相对密实度 Dr/%
非常软	＜12	松散	0～35
软	12～24	中密	35～65
稍硬	24～48	密实	65～85
硬	48～96	非常密实	＞85
非常硬	96～192		
坚硬	＞192		

备注：

B.20 海上工程地质钻探取心班报格式

海上工程地质钻探取心作业班报

钻探船：　　　　　　　　　　　　　　　　　　　　　　　　页号：

客户：　　　　　　　　工区：　　　　　　　　钻孔编号：　　　　　　　　日期：

时间	钻杆 PIPE		钻杆总长 / m	方余 / m	钻台至钻头 / m	测深仪		钻台至海床 / m	钻进深度 / m	备注	样品 SAMPLE			
	编号	长度 / m				读数 / m	潮差 / m				编号	长度 / cm	锤击数	取样类型

操作员 OPERATOR：　　　　　　　　　　　　　　　　　　工程师 ENGINEER：

B.21 钻孔取样现场描述及试验记录格式

<table>
<tr><td rowspan="3">[勘察单位]</td><td colspan="3">钻孔编号</td><td>取样深度 / m</td><td>取样长度 / cm</td><td colspan="3">土样直径 / mm</td><td>取样类型</td><td colspan="3">现场工程师</td></tr>
<tr><td colspan="3"></td><td></td><td></td><td colspan="3"></td><td></td><td colspan="3"></td></tr>
<tr><td>cm</td><td>土柱剖面</td><td>试验</td><td colspan="2">土样描述</td><td>Mv/ kN/m²</td><td>Tv/ kN/m²</td><td>PP/ kN/m²</td><td colspan="4">备注：</td></tr>
<tr><td rowspan="13">项目

客户

日期</td><td rowspan="13">钻孔取样记录表</td><td rowspan="13">−10
−20
−30
−40
−50
−60
−70
−80
−90
−100</td><td rowspan="13"></td><td colspan="2" rowspan="13">[稠度或密实度 / 结构 / 颜色次级土类 / 主要土类 / 包含物]</td><td rowspan="13"></td><td rowspan="13"></td><td rowspan="13"></td><td colspan="4">含水率及重度</td></tr>
<tr><td>试验类型和盒号</td><td></td><td></td><td></td></tr>
<tr><td>湿土 + 盒重 /g</td><td></td><td></td><td></td></tr>
<tr><td>干土 + 盒重 /g</td><td></td><td></td><td></td></tr>
<tr><td>盒重 /g</td><td></td><td></td><td></td></tr>
<tr><td>湿土重 /g</td><td></td><td></td><td></td></tr>
<tr><td>干土重 /g</td><td></td><td></td><td></td></tr>
<tr><td>土中水重 /g</td><td></td><td></td><td></td></tr>
<tr><td>含水率 /%</td><td></td><td></td><td></td></tr>
<tr><td>环刀体积 /cm³</td><td></td><td></td><td></td></tr>
<tr><td>天然密度 / (g/m³)</td><td></td><td></td><td></td></tr>
<tr><td>干密度 / (g/m³)</td><td></td><td></td><td></td></tr>
<tr><td></td><td></td><td></td><td></td></tr>
<tr><td colspan="13">符号说明：Mv：小型电动十字板　Tx：三轴试验　m：含水率　Tv：扭力十字板　γ：重度　PP：袖珍贯入仪　Su：不排水抗剪强度
（L）：大头　（S）：小头　Q：罐装样　B：袋装样</td></tr>
</table>

B.22 海上钻孔 CPT 测试现场记录格式

海上钻孔 CPT 测试现场记录表																
项目名称：				孔位编号：						探头类型：						
建设单位：				水深 /m：						操作员：						
作业海区：				作业船：						日期：					页码：	
时间	回次	起始深度 / m	探头编号	测试前						测试后						冲程 / m
				甲板位置			孔底位置			孔底位置			甲板位置			
				锥阻 / MPa	摩阻 / MPa	孔压 / MPa	锥阻 / MPa	摩阻 / MPa	孔压 / MPa	锥阻 / MPa	摩阻 / MPa	孔压 / MPa	锥阻 / MPa	摩阻 / MPa	孔压 / MPa	
备注：																

B.23 钻孔编录中使用的术语和符号

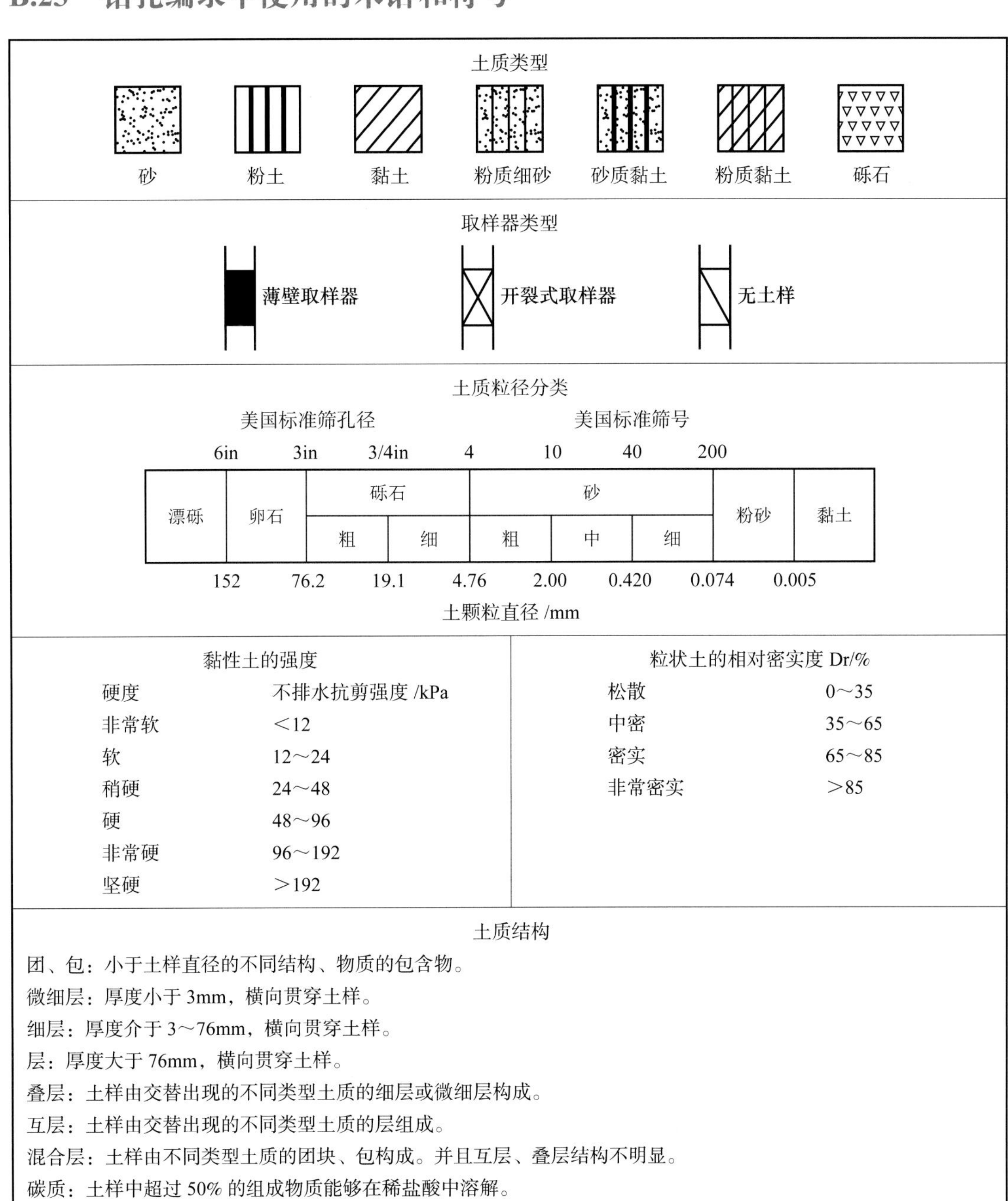

土质类型

取样器类型

土质粒径分类

黏性土的强度

硬度	不排水抗剪强度 /kPa
非常软	＜12
软	12～24
稍硬	24～48
硬	48～96
非常硬	96～192
坚硬	＞192

粒状土的相对密实度 Dr/%

松散	0～35
中密	35～65
密实	65～85
非常密实	＞85

土质结构

团、包：小于土样直径的不同结构、物质的包含物。

微细层：厚度小于 3mm，横向贯穿土样。

细层：厚度介于 3～76mm，横向贯穿土样。

层：厚度大于 76mm，横向贯穿土样。

叠层：土样由交替出现的不同类型土质的细层或微细层构成。

互层：土样由交替出现的不同类型土质的层组成。

混合层：土样由不同类型土质的团块、包构成。并且互层、叠层结构不明显。

碳质：土样中超过 50% 的组成物质能够在稀盐酸中溶解。

钙质：土样中 12%～50% 的组成物质能够在稀盐酸中溶解。

贝壳质：土样由大量可见和完整的贝壳和贝壳碎片构成。

参考：ASTM D2488/ASTM D2049/ASCE MANUAL 56（1976）